建筑绿化防水工程指南

韩丽莉　王珂　王月宾　**编著**

机 械 工 业 出 版 社

本书系统地阐述了建筑防水和建筑绿化两个领域的相关概念及其相互联系，主要包括建筑防水材料、建筑绿化排水防水设计、施工技术等内容，同时，作为跨领域的图书，还结合建筑绿化实际工程案例，详细介绍了防水工程的相关要求和节点处理方式，以期进一步推进建筑绿化防水工程安全、科学实施，助力国内绿色建筑的健康有序发展。

本书可供建筑防水及建筑绿化相关设计、施工人员学习和使用，可作为全国注册建筑师继续教育中有关建筑防水内容的培训教材，同时也非常适合建筑、土木、园林等专业的师生以及相关从业人员阅读。

图书在版编目（CIP）数据

建筑绿化防水工程指南/韩丽莉，王珂，王月宾编著.—北京：机械工业出版社，2022.10
ISBN 978-7-111-71707-2

Ⅰ.①建… Ⅱ.①韩…②王…③王… Ⅲ.①建筑物—绿化—建筑防水—工程施工—指南 Ⅳ.①TU761.1-62

中国版本图书馆CIP数据核字（2022）第179043号

机械工业出版社（北京市百万庄大街22号　邮政编码100037）
策划编辑：宋晓磊　　　　　　　　责任编辑：宋晓磊　李宣敏
责任校对：郑　婕　王　延　责任印制：张　博
北京利丰雅高长城印刷有限公司印刷
2023年1月第1版第1次印刷
184mm×260mm·12印张·237千字
标准书号：ISBN 978-7-111-71707-2
定价：198.00元

电话服务　　　　　　　　网络服务
客服电话：010-88361066　机 工 官 网：www.cmpbook.com
　　　　　010-88379833　机 工 官 博：weibo.com/cmp1952
　　　　　010-68326294　金 书 网：www.golden-book.com
封底无防伪标均为盗版　机工教育服务网：www.cmpedu.com

《建筑绿化防水工程指南》
编委会名单

指导单位： 北京市园林绿化科学研究院

中国中建设计研究院有限公司

主　　任： 韩丽莉

副 主 任： 王　珂　王月宾

委　　员： 郭　佳　孙鹏程　叶　吉　林旭涛　杜伟宁　徐良平

王云洋　赵东奇　马路遥　宋　桃　李小溪　李　伶

张　卫　阚淑霞　谭　武　周　波　单　进　张　辉

吴克辛　胡颖欣　曹晓蕾　孙荣喜　周　明　任斌斌

吴　勇　李泽卿　周吉龙　王　丹　蒋继恒　郭一城

戴书陶

支持单位： 科顺防水科技股份有限公司

深圳市卓宝科技股份有限公司

哈尔滨工业大学

北京中建工程顾问有限公司

序

　　城市化发展进程的不断加速，在为人类生活带来便利的同时，也给人类赖以生存的环境造成了巨大的压力。城市各类公共基础设施、居住区及其他服务设施的建设用地需求与日趋紧张的城市土地资源间的矛盾日益突出，特别是人口密度大、地价昂贵的城市环境，其可用于营建绿地的地面空间越来越少，而市民的日常休闲需求却在日益增高。打破传统的地面绿化方式，以将建筑空间竖向拓展的方式进行城市立体空间多维度绿化，是目前国内很多城市正在进行的有效尝试，也取得了初步成果。这种方式不仅可以降低建筑能耗、延长建筑结构使用寿命、缓解城市热岛效应、改善空气质量、减少雨洪压力、美化城市景观，而且也可以发挥一定的碳补偿作用，从而有助于实现城市的碳中和目标。

　　建筑防水对保障建筑物正常使用功能和结构使用寿命具有重要作用，长期以来，由于防水工程在材料选用、施工工艺、工程质量、气候影响和后期维护等方面存在问题，建筑渗漏已成为全国建筑行业的突出顽疾，也是让广大民众头疼的难题，其不仅直接危害着建筑物的使用安全，也危及到普通百姓的生活安康，甚至是社会和谐。在国内目前大力推行绿色建筑的背景下，如何科学有效地提高建筑防水工程质量，大幅度降低工程渗漏水率，降低建筑全寿命周期成本，对于提高绿色建筑能效和品质，保障民众正常生活和工作至关重要。

　　以建筑为载体的立体绿化，也被称为建筑绿化，是目前国内外城市绿化、城市景观发展的新动向，并归结为具有节能、降噪、滞尘、美化、固碳共五大效益，越来越受到全社会的关注。目前，国内建筑绿化不仅已成为城市多元绿化的重要补充，可有效缓解城市绿化用地资源严重不足的压力，也是践行绿色建筑的一种方法和手段，因此，进一步推进建筑绿化发展，对建设宜居城市、生态城市、韧性城市、绿色城市具有显著的推动作用，对于提升民众对日常生活的获得感、满意度和幸福感等方面也具有重要意义。

　　建筑绿化防水工程是建筑防水工程与建筑绿化工程两个学科的交叉领域，既属于防水工程的范畴，其外在表达又具备园林景观绿化的特征。本书将建筑防水与建筑绿化结合起来，从这两个方面谈及其中的科学内涵及技术措施，可以说是这两个学科跨领域的创新合作，值得深入探索和论述。建筑绿化和建筑防水齐抓并进，方可解决建筑的渗漏顽疾，使我国的绿色建筑推广更加迅速、健康、长远、高效。

　　本书的编写，不仅从内涵上将两者进行了详细剖析，更重要的是将两个领域的相关技术融会贯通，进行了系统分类，详细阐述了建筑绿化相关材料的选择、设计手法、施工工艺等内容，同时列举了国内不同类型建筑绿化的实施案例，内容新颖、翔实，可操作性极强，对绿色建筑和建筑绿化的建设及发展具有重要的指导意义。

王有为　　中国城市研究会绿色建筑委员会主任

前　言

　　用有生命的植物赋予建筑新的生机，建筑绿化是高密度城市打造生态空间、增加绿化面积非常经济的方式。因其具有美化环境、降温节能、保护生物多样性、净化空气等多重功效获得了全社会越来越多的关注，逐渐成为建筑围护结构设计中不可或缺的选项。植物生存离不开水，在建筑上进行植物种植，要考虑长期灌溉带来的防水压力，并采用对应材料、工艺措施保证建筑防水安全。我国的建筑屋面渗漏率曾高达95.33%，屋面与墙面工程渗漏问题既影响建筑结构使用功能，又影响结构安全与使用寿命，是复杂的系统问题，因此建筑绿化防水安全的保障须从技术源头抓起，从建筑绿化防水工程设计、材料、施工、维护等方面开展。

　　建筑绿化工程和建筑防水工程是紧密相关又各自独立的领域，建筑绿化防水工程是交叉学科的典范，尽管建筑绿化在我国发展了几十年，相关材料、技术有着显著进步，相关需求也明显增加，但一直未能有一本专门阐述建筑绿化防水工程的书籍。

　　北京市园林绿化科学研究院绿地与健康研究所所长韩丽莉教授是我进入立体绿化行业的领路人，她的单位是北京市园林绿化科学研究院，身处科研机构也因此能较早地接触到建筑立体绿化这一新兴领域。为了解决建筑绿化的防水问题，她游历各国潜心研究，在中国建筑防水协会的大力支持下，率先将德国耐根穿刺防水材料的植物检测技术和相关标准引进国内，成立了国内第一个耐根穿刺防水材料性能植物检测实验室，编写了多项有关行业及地方标准，长期致力于国内建筑绿化防水工程的研究与实践。

　　为了填补国内建筑绿化防水工程技术方面的缺憾，弥补相关空白，韩教授在大家的恳请下牵头编写了本书。本书根据实际工程中碰到的问题，细致描述了相关技术、材料、工艺，并结合案例对各类型建筑绿化防水工程进行了详细的解读。希望本书能够帮助广大从业者了解相关先进工艺，助力建筑绿化健康发展、助力绿色建筑有效实施、助力生态城市早日实现！

王　珂

目 录

第1章 概述

　　城市的扩张难免会有对自然环境的改变，由土壤和植物构成的地球"皮肤"被水泥城市所覆盖，原本可以通过自身水分蒸发帮助地表降温的绿色植物，在高密度城市的生长空间却极其有限，然而植物的作用并不止于此：固碳释氧、净化空气、截留粉尘、美化环境、提供食材……因此，以生态修复为目的，如何在城市区域内进行植物的种植正逐渐成为人们关注的焦点和公认的趋势之一。

　　党的十八大做出"大力推进生态文明建设"的战略决策，党的十九大指出："人与自然是生命共同体，人类必须尊重自然、顺应自然、保护自然。"以及"我们要建设的现代化是人与自然和谐共生的现代化，既要创造更多物质财富和精神财富以满足人民日益增长的美好生活需要，也要提供更多优质生态产品以满足人民日益增长的优美生态环境需要。"从原始社会遗传而来的基因密码也让生活在现代的每个人心中都有一亩田，人们希望生活中多一点绿色。无论是源自现实需求还是政策引导，如何在建筑上进行植物的种植来满足需求，成为人们关注的热点。

　　绿色建筑的概念始于20世纪70年代，当时，由于能源危机，加上人类对环境影响的意识不断增强，建筑师们开始思考如何实现建筑的可持续发展，越来越多的建筑师和工程师开始将建筑绿化纳入设计中。

　　建筑绿化是指在建筑物上进行的植物种植，为建筑物的外表面（屋面、外墙面）或内部（室内墙面、地面）营造绿化环境。建筑绿化主要包括屋顶绿化、阳（露）台绿化、架空层绿化、地下室顶板绿化、墙体绿化等形式。其中，屋顶绿化可以给人们提供休憩的空间，墙面绿化可以缓解生活在城市中的人们内心所产生的压力。建筑绿化在实施的过程中会与建筑体发生关联，而防止水的渗漏是建筑最基本的功能之一，为了保证建筑物的使用功能不被破坏，以及人们正常舒适的生存环境和正常的生产需要，建筑绿化防水工程成为重中之重。

　　防水工程是建设工程的分部工程之一，是指为防止雨水、地表水、地下水等渗入建筑体结构或建筑内部所采取的一系列结构、构造和建筑的措施，其还包括蓄水工程、排水工程。防水工程的分类方式多种多样，本书主要根据其选用的材料种类进行划分，具体分为卷材防水、涂料防水、刚性防水等。防水工程建设所遵循的十六字原则："合理设防，防排结合，因地制宜，综合治理"在建筑绿化防水工程建设中同样适用。

　　本书结合建筑绿化实际工程经验，详细介绍了建筑绿化工程中防水工程建设的要求以及做法，目的是促进建筑绿化防水工程的合理实施和发展。

第2章 建筑绿化类型

2.1 屋顶绿化

屋顶绿化（Roof garden）是指以建筑物、构筑物顶部为载体，以植物为主体进行配置，不与自然土壤接壤的绿化方式，是多种屋顶种植方式的总称，也称为种植屋面。屋顶绿化依据研究角度的不同，可以有很多种分类方式。根据屋顶构造形式划分可将屋顶绿化分为平屋面屋顶绿化和坡屋面屋顶绿化。

2.1.1 平屋面屋顶绿化

平屋面是现代建筑中相对普遍的一种建筑屋顶构造形式。绝大部分的屋顶绿化都是在平屋面上建造的。平屋面通过找坡层进行找坡，防水层保证屋面整体防水。平屋面为种植屋面的设计和施工留有很大的发挥空间，也最适合进行屋顶绿化。值得注意的是，在建筑设计时，最好能对建筑与屋顶绿化的相关问题进行统筹考虑，以满足种植屋面对屋顶构造的要求（图 2-1）。

图 2-1 平屋面屋顶绿化

2.1.2 坡屋面屋顶绿化

坡屋面一般是指排水坡度大于 10% 的屋顶。相对平屋面而言，坡屋面是一种特殊的屋顶形式，它包含直线坡、曲线坡和其他形式的坡面。由于特殊的构造特点，坡屋面屋顶绿化系统无论从排水还是种植方面都有一定难度。相比之下，在平屋面结构上进行景观营造相对于坡屋面来说较为简单，营造方式也更为多样（图 2-2）。

图 2-2　坡屋面屋顶绿化

2.2　阳台、露台绿化

阳台、露台绿化是传统的绿化手段之一。住宅楼居民常会在阳台、露台上摆放植物以提升家庭环境的美观程度。并且，近年来在阳台、露台上进行花园、绿化建造已逐渐成为一种时尚的生活方式。这样的阳台绿化空间不仅可以成为室内空间的借景，同时也成为人们休憩和欣赏外界自然风景的场所。

由于阳台、露台在建筑立面的分布特点，以及其特定的绿化形式，因此，阳台、露台绿化也成为建筑立面绿化的重要部分。如米兰的"垂直森林"，在各阳台、露台外设置种植槽，然后通过统一植物的种植，将整个建筑立面装饰得花团锦簇（图 2-3）。

图 2-3　阳台、露台绿化

2.3　架空层绿化

架空层是一种建筑与外部环境之间的过渡空间，起到室内室外空间相互连接融和的目的。架空层绿化通常会利用这一特点，将室内外的元素进行有机融合，将室内的铺装、家具等元素向外延展，同时，室外的绿色环境又向内渗透（图 2-4）。

图 2-4　架空层绿化

2.4　地下室顶板绿化

在地下室或地下建筑顶板上进行绿化造园。且随着城市地上空间的日益减少，开发地下空间也已成为一种常态，地下室顶板绿化也成为一种常见的绿化手段。地下室顶板绿化在外观上与地面绿化没有太大区别，但其本质是在建筑的顶部，属于建筑空间领域。地下室顶板绿化的特点在于绿化空间与城市空间互相穿插、渗透，顶板与室外地面基本处于同一水平面，与室外绿地浑然一体；地下室顶板绿化范围内小气候条件与地面绿化一致；建筑结构设计荷载较大、覆土较厚，多建成游憩广场等公共场所（图 2-5）。

图 2-5　地下室顶板绿化

2.5 墙体绿化

利用植物材料沿建筑物立面或其他构筑物表面（室外、室内）攀附、固定、贴植、垂吊形成立面的绿化统称为墙体绿化。墙体绿化打破了传统的绿化思维，通过在立面上进行绿化种植，大大增加了建筑的可绿化面积。通常，墙体绿化根据其绿化结构方式可分为牵引式墙体绿化、模块式墙体绿化和铺贴式墙体绿化（图 2-6）。

图 2-6　墙体绿化

第3章 建筑绿化防水材料

随着社会生活条件的不断改善，人们越来越重视自己的生活质量，对建筑防水条件的要求也随之增高。近年来，伴随着社会科技的发展，新型防水产品及其工程应用技术发展迅速，并朝着由多层向单层、由热施工向冷施工的方向发展。面对科学技术的不断进步与更新，掌握防水工程的施工准备事项及质量问题显得尤为重要。

建筑防水即为防止水对建筑物某些部位的渗透，而从建筑材料和构造上所采取的措施。建筑绿化防水材料是防水工程的物质基础，是保证建筑物与构建物防止雨水侵入、地下水等水分渗透的主要屏障，防水材料的优劣对防水工程的影响极大，因此必须从防水材料着手来研究防水的问题。防水工程多是针对屋面、地下建筑、建筑物的地下部分和需防水的室内以及储水构筑物等。防水材料按其采取的措施不同，分为材料防水和构造防水两大类。材料防水是通过建筑材料阻断水的通路，以达到防水的目的或增加其抗渗漏的能力，如卷材防水、涂膜防水、混凝土及水泥砂浆刚性防水以及黏土、灰土类防水等。构造防水则是采取合适的构造形式，阻断水的通路，以达到防水的目的，如止水带和空腔构造等。其主要应用领域包括房屋建筑的屋面、地下、外墙和室内；城市道路桥梁和地下空间等工程；高速公路和高速铁路的桥梁、隧道；地下铁道等交通工程；引水渠、水库、坝体、水力发电站及水处理等水利工程等。随着社会的进步和建筑技术的发展，建筑防水材料的应用还会向更多领域延伸。

防水工程作为建筑物的围护结构，可防止雨水、雪水和地下水的渗透，防止空气中的湿气、蒸气和其他有害气体与液体的侵蚀；作为分隔结构可防止给排水的渗翻，可防止雨水、地下水、工业和民用建筑的给水排水、腐蚀性液体以及空气中的湿气、蒸气等侵入建筑物的材料。建筑物需要进行防水处理的部位主要是屋面、墙面、地面和地下建筑顶板。

根据相关统计，目前我国建筑防水材料主要包括SBS（APP）改性沥青防水卷材、高分子防水卷材、防水涂料、玻纤胎沥青瓦、自粘防水卷材等新型防水材料。

3.1 普通防水层防水材料

1. 按主要原料分类

防水材料品种繁多，按其主要原料分为四大类。

（1）沥青类防水材料 沥青类防水材料是指以天然沥青、石油沥青和煤沥青为主要原材料，制成水乳型沥青类或沥青橡胶类涂料、油膏。其具有良好的黏结性、塑性、抗水性、防腐性和耐久性。

（2）橡胶塑料类防水材料 橡胶塑料类防水材料是指以氯丁橡胶、丁基橡胶、三元乙丙橡胶、聚氯乙烯、聚异丁烯和聚氨酯等为原材料，制成的弹性无胎防水卷材、防水薄膜、防水涂料、涂膜材料及油膏、胶泥、止水带等密封材料。其具有抗拉强度高，弹性和延伸率大，黏结性、抗水性和耐气候性好等特点，可以冷用，使用年限较长。

（3）水泥类防水材料 水泥类防水材料是指对水泥有促凝密实作用的外加剂，如防水剂、加气剂和膨胀剂等，可增强水泥砂浆和混凝土的憎水性以及抗渗性。以水泥和硅酸钠为基料配置的促凝灰浆，可用于地下工程的堵漏防水。

（4）金属类防水材料 薄钢板、镀锌钢板、压型钢板、涂层钢板等可直接作为屋面板，用以防水。薄钢板用于地下室或地下构筑物的金属防水层。薄铜板、薄铝板、不锈钢板可制成建筑物变形缝的止水带。金属防水层的连接处需焊接，并涂刷防锈保护漆。

2. 按材料性状分类

按照材料性状划分，防水材料主要有三大类：

（1）防水卷材 防水卷材主要用于建筑工程，如屋顶、外墙、地下室等。

（2）聚氨酯防水材料 聚氨酯防水材料含有一定的挥发性毒气，对施工条件要求严格，且造价昂贵。

（3）新型聚合物水泥基防水材料 新型聚合物水泥基防水材料由有机高分子液料和无机粉料复合而成，兼具有机材料弹性强和无机材料耐久性好的特点，涂覆后形成高强、坚韧的防水涂膜，这种新型材料能与水泥基面完美地结为一体，经久不脱，是家庭防水常见的材料。

3.2 耐根穿刺防水材料

耐根穿刺防水材料是指具有抑制根系进一步向防水层生长，避免破坏防水层的一种高效防水材料，种植屋面系统中的植物根系具有极强的穿透性，若防水材料选用不当，将会被植物根茎穿透，造成建筑物渗漏。而且，发生渗漏时，很难确定防水材料被破坏的准确位置，因此，翻修工作量大，经济损失也较大。此外，若植物的根系扎入屋面结构层（如电梯井、通风口、女儿墙等），会在一定程度上危及建筑物的使用安全。

3.2.1 耐根穿刺原理

根穿刺是指屋顶表面防水或者防水层角落部位、接缝处、重叠部分，植物根系或地下茎侵入、贯穿、损伤防水层的现象。对于种植屋面，必须保障屋面防水长期的耐植物根穿刺性能。植物根系对种植屋面的破坏主要表现为：

1）穿透防水层导致防水功能失效。

2）穿入结构层造成更为严重的破坏。

3）穿透防水层或破坏结构层所造成的连带损失。

1. 化学阻根

化学阻根是通过加入化学阻根剂，阻止植物根系向防水卷材内部生长，或改变根系的生长方向，同时还不能影响植物的正常生长。

2. 物理阻根

物理阻根是通过材料本身具有的致密性、高强度以及高耐腐蚀性来抵御植物根系的穿刺。

3.2.2 耐根穿刺防水材料的类型

根据目前统计，市场中常应用的防水材料类型包括弹性体（SBS）改性沥青防水卷材、聚氯乙烯（PVC）防水卷材、热塑性聚烯烃（TPO）防水卷材、聚乙烯丙纶防水卷材、喷涂聚脲防水涂料。随着国内新型防水材料的不断更新和变化，参与耐根穿刺性能试验的防水产品也逐渐趋于多元化。据北京市园林绿化科学研究院防水卷材耐根穿刺植物检测中心检测数据统计表明，自 2010 年以来，样品的类别也逐渐由以弹性体（SBS）改性沥青防水卷材为主的格局向新型材料转变，弹性体（SBS）改性沥青防水卷材产品产量逐年下降，而高分子防水卷材的应用却越来越广泛。

第4章 建筑绿化排水防水设计

4.1 屋顶、阳（露）台、架空层绿化排水防水设计

4.1.1 排水设计

进行防水设计之前先要解决排水的问题，即将屋面过多的自然降水（雨、雪等）以及多余的灌溉用水及时地排走，防止屋面过多的积水，将有效地降低屋面漏水的可能性，也减少了植物根系泡水的时间，防止烂根，尤其在我国多雨的南方地区，排水显得尤为重要。

屋面排水主要依靠在屋面设置一定的排水坡度将水引至屋面下方。屋面坡度的形成主要有结构找坡和材料找坡两种方式。

1. 结构找坡

结构找坡是利用屋顶自身结构做出需要的排水坡度。当屋面单坡跨度较大（一般超过9m），屋顶坡度≥3%时，宜采用结构找坡。结构找坡不需要增设找坡层，施工较为方便，屋面自身荷载较轻，经济性较好，但室内顶棚也会有一定坡度。

2. 材料找坡

材料找坡也称建筑找坡，其是指屋面排水坡度由屋顶结构以外的垫坡材料垫出来，一般用于坡向长度较小的屋面。为了减轻屋面荷载，应选用轻质材料找坡，如水泥炉渣、石灰炉渣、轻质混凝土等，找坡层的厚度最薄处应不小于30mm。材料找坡的坡度不宜太大，平屋顶材料找坡的坡度宜为2%。利用材料找坡的屋顶室内顶棚平整，但整体屋面荷载较大，造成材料和人工的成本增加。

4.1.2 防水设计

1. 种植平屋面

种植平屋面一般指在坡度为2%~10%的钢筋混凝土基板上进行覆土种植的平屋面。我国种植平屋面技术起步较晚，早期主要集中在南方地区，表现为住宅楼屋顶和厂房屋顶种植花草树木和蔬菜等。随着国家大力鼓励和推广绿色建筑，近年来，国内种植平屋面技术研究和推广取得令人瞩目的成绩，屋顶种植的生态环保、美化环境和休闲功能得

到社会广泛认同。

种植平屋面的构造层次较多，涉及建筑、农业和园艺等多个专业学科，技术要求也比一般屋面复杂，因此对设计、施工、使用等各个方面都提出了非常高的要求，所以在种植平屋面设计时应进行综合处理。

（1）种植平屋面的类型　目前国内种植平屋面主要分为三种类型，一种是种植乔灌木和地被植物，并设置园路、坐凳、水池等休憩、观赏设施的花园式种植平屋面；另一种是仅种植地被植物、低矮灌木的简单式种植平屋面；还有一种是在可移动组合的容器、模块中种植植物，并码放在屋面上的容器式种植平屋面。

（2）种植平屋面设计的基本规定和原则

1）种植平屋面设计应遵循"防、排、蓄、植"并重和"安全、环保、节能、经济，因地制宜"的原则。

2）进行种植平屋面工程结构设计时应计算种植荷载。既有建筑屋面改造为种植平屋面之前，应对原结构进行鉴定。

3）种植平屋面荷载取值应符合现行国家标准《建筑结构荷载规范》GB 50009 的规定。屋顶花园有特殊要求时，应单独计算结构荷载。

4）种植平屋面绝热层、找坡 (找平) 层、普通防水层和保护层设计应符合现行国家标准《屋面工程技术规范》(GB 50345—2012)、《地下工程防水技术规范》(GB 50108—2008) 的有关规定。

5）屋面基层为压型金属板，采用单层防水卷材的种植平屋面设计应符合国家现行有关标准的规定。

6）种植平屋面应根据不同地区的风力因素和植物高度，采取植物抗风固定措施。

（3）种植平屋面的基本构造层次　种植平屋面的基本构造层次包括：结构基层、保温（隔热）层、找坡（找平）层、普通防水层、耐根穿刺防水层、保护（隔离）层、排（蓄）水层、过滤层、种植土层和植被层等（图 4-1）。根据各地区气候特点、屋面形式、植物种类、材料选择等情况，可适当调整位置和增减相应构

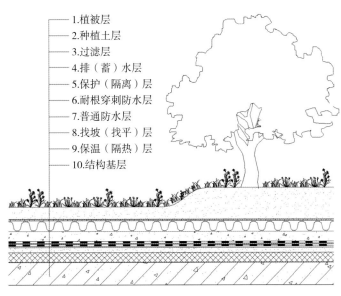

1.植被层
2.种植土层
3.过滤层
4.排（蓄）水层
5.保护（隔离）层
6.耐根穿刺防水层
7.普通防水层
8.找坡（找平）层
9.保温（隔热）层
10.结构基层

图 4-1　种植平屋面的基本构造层次

造层次。

（4）各构造层次与屋面防水关系　种植平屋面防水层与屋面其他各层次有着密不可分的关系，只有将各相关层次对防水层的作用与关系分析清楚，才能设计出合理的防水构造。

1）屋面结构与防水层的关系。种植平屋面的荷载与非种植平屋面相比有较大增加，因此结构屋面板应有足够的强度和刚度，以防止因结构变形过大而破坏防水层；同时，种植平屋面防水应遵循刚柔并济的原则，即楼板混凝土宜采用抗渗混凝土，这样有利于整体防水效果。

另外，屋面排水坡度大小对防水也有一定影响：

① 0~2% 的屋面坡度适合缺雨地区的种植平屋面。由于排水坡度小，防水层可能长期积水或处于潮湿状态，在防水层设计时，应相应提高其防水等级，可采用增加一道防水层或增加防水层厚度的方法来避免。

② 2%~36% 的屋面坡度可作常规防水设计。

③ 36% 以上的屋面由于斜度较大，需考虑在上部荷载作用下防水材料可能出现滑移。满粘法铺贴的卷材和防水涂料由于与基层黏结牢固，滑移的可能性不大，空铺法的树脂类合成高分子卷材需采取增加固定点和其他防滑移的措施。改性沥青类卷材、自粘改性沥青卷材都具有一定的蠕变性，特别在气温较高的南方地区，在重力和摩擦力作用下，也会出现滑移的可能性，因此必须采取防滑移的措施，屋面坡度大于 50% 时，不宜做种植屋面。

2）保温（隔热）层与防水层的关系。种植平屋面可采用倒置式构造，将防水层直接与结构层黏结，再施工保温（隔热）层。倒置式构造中防水层被保温（隔热）层埋设封闭，能大大提高防水层的使用寿命，同时，防水层直接与结构层黏结，能避免水在防水层下窜流，提高了防水层的可靠性，即使出现局部渗漏，也便于查找漏源，易于维修。

在保温（隔热）层的材料选择上也应采用不吸水的材料，如挤塑聚苯乙烯泡沫板、硬泡聚氨酯板等材料，不得采用易吸水的散状保温材料。

另外，种植平屋面是否需要做保温（隔热）层与屋面的总热阻和当地气候条件下的节能要求有关，需要通过节能计算来确定。

严寒地区和寒冷地区需根据当地的节能标准要求，设置保温（隔热）层的厚度；夏热冬冷和夏热冬暖地区的种植屋面，当种植土与各层次整体传热系数计算达到标准要求时，可不设置保温（隔热）层，但要注意上人过道、天沟等无保温部位的节能构造处理。当保温（隔热）层设置在防水层之下时，保温（隔热）层与结构板之间是否要设置隔气层，需根据《屋面工程技术规范》（GB 50345—2012）的要求进行。

3）防水保护层与防水层的关系。屋面设置防水保护层对大部分防水材料是必不可少的，保护层的作用既可防止上部园林施工对防水层的损坏，还能防止植物根系对防水层的破坏。保护层的设置，可采用 20~30mm 厚水泥砂浆、40mm 厚的细石混凝土、聚酯无纺布或土工布，也可选用聚乙烯丙纶复合防水卷材等材料作为保护层。对厚质 PVC 防水板或聚乙烯板，在检测其有足够的抗穿刺能力时，可不设保护层，同时，当防水层上设置塑料排水层时，也可不设保护层。

4）种植土层与防水层的关系。种植土土体与屋面防水层的关系主要有以下方面：① 土体荷载对防水层的影响；② 土体干湿度对防水层的影响；③ 土体酸碱度对防水层的影响；④ 土体的保温性能。

种植土堆得越厚，荷载就越大，对结构屋面板的变形影响就越大；雨后土体的含水量就越大，干湿土质量差也越大，对结构变形就越不利。结构过度变形既有可能使结构板产生裂缝，也有可能造成防水层的破坏。因此，屋面结构板既要保持足够的刚度，同时也要减少屋面结构的总质量，这对防水层是有利的。种植平屋面一方面要强调排水，另一方面也要强调蓄水保水，因为植物没水是不能生长的。因此，底部土体就可能长期处于潮湿状态，也就意味着种植平屋面防水层会长期处于潮湿或浸水状态，防水层的耐水性和耐霉变性、接缝可靠性也就成了选材的重要因素。

在寒冷地区的冬季，土体还会发生冻胀情况。土体冻胀对种植土围护结构产生的推力，有可能造成围护结构立面防水层破坏和围护结构与平面之间防水层的破坏现象。因此，有可能发生冻土的地区，种植屋面围护结构设计要有足够的强度和刚度，不得发生推移、冻裂和严重变形等情况。

种植土的 pH 酸碱度一般为 6.0~8.5，为弱酸碱性，这样的酸碱度不会对防水材料造成很大的破坏作用。某些乔木的根系会分泌出一种有腐蚀性的液体，这种腐蚀性液体对防水材料的影响程度尚不明确，但只要不让根系直接接触防水层，影响也不会太大。

土体具有很好的保温效果，种植土的体积质量一般不高于 1.3g/cm^3，传热系数 $\lambda = 0.47\text{W/}(\text{m}^2 \cdot \text{K})$，修正系数 $\alpha = 1.5$，计算值 $\lambda_c = 0.71\text{W/}(\text{m}^2 \cdot \text{K})$，可见堆土越厚，保温效果越好。

5）植物与防水层的关系。植物与屋面防水层的关系主要有两个方面，一是植物根系对防水层的影响，二是植物外力对防水层的影响。

植物根系对防水层的影响取决于植物根茎能否到达防水层和根茎对防水层破坏程度的大小。园林植物主要根系分布深度见表 4-1。当种植土的厚度超过相应植被主要根系能达到的深度时，可不考虑植物根系对防水层的作用；当防水层的保护（如塑料排水板等）有足够的抗根系穿透能力时，也可不考虑根系作用。虽然植物根系对防水层没有很强的，或像尖锐物一样的穿刺性，但它会"钻"、会"撬"，有可能由于防水层的搭接缝不严密，使根系"钻"入防水层，并在防水层下因发展更多的根系而破坏防水层。因此，选择防水材料时，应重视其搭接缝的严密可靠，这一条件对长期处于潮湿土中的防水材料来说也是必备的。

表 4-1　园林植物主要根系分布深度

植被类型	草木、花卉	地被植物	小灌木	大灌木	浅根植物	深根植物
分布深度 /cm	30	35	45	60	90	200

植物较粗大时，为了生长和抗风力的需要，种植土必须很厚，但过重的荷载和风吹树摇的晃动，特别是南方台风季节，会对屋面结构产生很大的变形影响。而屋面结构楼板的变形，会直接对防水层产生拉伸破坏作用，因此绿化种植品种应选择适应性强、耐旱、耐贫瘠、喜光、抗风、不易倒伏的园林植物，而高大的乔木不宜种植。

（5）种植平屋面各构造层次设计　在分析各层次与防水层的影响关系后，应从种植屋面的特性出发，在掌握各种防水材料性能的基础上，设计合理的防水体系。设计要做到确保屋面不渗漏，必须将影响防水的各种因素综合起来考虑，以期让材料达到良好的使用效果。

1）结构基层的设计。种植平屋面的"静荷载"和"活荷载"都会比非种植屋面增加很多，为了保证建筑结构安全性，种植平屋面结构基层应根据种植种类和荷载进行设计。

①种植平屋面的结构基层设计宜采用现浇钢筋混凝土。

②为提高整体防水效果，种植平屋面楼板混凝土一般应设计为强度等级不低于 C20 和抗渗等级不低于 P6 的防水混凝土。

③种植平屋面工程结构设计时应计算种植荷载。既有建筑屋面改造为种植屋面前，应对原结构进行鉴定。

④种植平屋面荷载取值应符合现行国家标准《建筑结构荷载规范》（GB 50009—2012）的规定。屋顶花园有特殊要求时，应单独计算结构荷载。

⑤种植平屋面荷载计算应符合要求：ⓐ 保温层、找坡层、找平层、防水层等屋面基本构造做法和工程设计按照荷载计算进行。ⓑ 种植荷载应包括初栽植物荷载和植物生长期增加的可变荷载。一般情况下，树高增加 2 倍，其重量增加 8 倍，需 10 年时间。初栽植物荷载见表 4-2。ⓒ 种植土的荷载应按饱和水容重计算，常用种植土的类型及理化指标见表 4-3。ⓓ 种植屋面其他常用材料荷载见表 4-4。ⓔ 屋面上有园路、园林小品等，应按实际荷载计算。ⓕ 花园式种植的布局应与屋面结构相结合；乔木类植物和亭台、水池、假山等荷载较大的设施，应置于结构承重构件的位置。ⓖ 种植荷载包括植被层、种植土及其他耐根穿刺防水层以上的做法构造。简单式种植的覆土厚度为 100~300mm，以种植地被、小灌木为主，耐根穿刺防水层以上的荷载不应小于 1.0kN/m²；花园式种植的覆土厚度为 300~600mm，可种植灌木、小乔木，耐根穿刺防水层以上的荷载不应小于 3.0kN/m²，并

应纳入屋面结构永久荷载。

表 4-2　初栽植物荷载

植物类型	小乔木（带土球）	大灌木	小灌木	地被植物
植物高度或面积	2.0~2.5m	1.5~2.0m	1.0~1.5m	1.0m²
植物荷重	0.8~1.2kN/ 株	0.6~0.8kN/ 株	0.3~0.6kN/ 株	0.15~0.3kN/ 株

注：小乔木、大灌木、小灌木在屋面种植时一般均为孤植点景，在计算屋面荷载时，可视为局部荷载。

表 4-3　常用种植土的类型及理化指标

种植土类型	饱和水容重 /（kg/m³）	有机质含量 /%	总孔隙率 /%	有效水分 /%	排水速率 /（mm/h）
田园土	1500~1800	≥ 5	45~50	20~25	≥ 42
改良土	750~1300	20~30	65~70	30~35	≥ 58
无机种植土	450~650	≤ 2	80~90	40~45	≥ 200

表 4-4　种植屋面常用材料荷载

材料名称	单位质量 /（kg/m³）	备注
砂浆（水泥、石灰、黏土）	2000	
细石混凝土	2500	
卵石	≤ 1800	粒径为 25~40mm
碎石	≤ 2000	粒径为 10~25mm
陶粒	≤ 500	粒径为 10~25mm
排（蓄）水板	≤ 1.5	
聚酯无纺布过滤层	≥ 0.2	
土工布或聚酯无纺布保护层	≥ 0.3	

　　2）保温（隔热）层设计。种植平屋面对建筑物的保温（隔热）起到积极作用，是否需要做保温（隔热）层应根据《公共建筑节能设计标准》（GB 50189—2015）和各地区有关居住建筑节能设计标准的节能要求，进行屋面总热阻计算后确定。

　　种植平屋面的保温（隔热）材料可采用喷涂硬泡聚氨酯、硬泡聚氨酯板、挤塑聚苯乙烯泡沫塑料保温板、硬质聚异氰脲酸酯泡沫保温板、酚醛硬泡保温板、岩棉板等具有一定强度、导热系数小、密度小、吸水率低的材料，材料应符合国家现行有关标准，不得采用散状保温隔热材料。

　　保温（隔热）层的设计，必须满足相关国家建筑节能标准的要求，并应按照建筑节能标准中的相关规定进行设计。

保温（隔热）材料除应符合国家现行有关标准之外，还需满足相关防火规范中的要求。

当种植平屋面采用正置式构造时，保温（隔热）层与结构板之间是否需要设置隔气层，需根据现行国家规范《屋面工程技术规范》（GB 50345—2012）的要求来确定。

3）找坡层设计。混凝土结构基层宜采用结构找坡，坡度不应小于3%；当采用材料找坡时，宜采用质量轻、吸水率低和有一定强度的材料，坡度宜为2%；天沟、檐沟的排水坡度不宜小于1%。

种植平屋面可采用倒置式构造，并按种植土厚度确定是否找坡，当需要找坡时宜采用结构找坡或细石混凝土找坡，当必须采用材料找坡时，不得选用珍珠岩、陶粒等疏松的高吸水率材料。

结构找坡可以有效地减少构造层次，是提高屋面防水可靠度的有力措施之一，实际上很难找到既坚实、耐久，又轻而不裂的找坡材料。特别是随着小锅炉的淘汰，传统的炉渣混凝土找坡材料已逐渐被陶粒混凝土取代，但陶粒混凝土成本高，工艺要求严，做不好易开裂；加气混凝土、水泥也有同样的问题。至于水泥膨胀珍珠岩、水泥膨胀蛭石等更因其强度低、含水率高，尤其不适用于种植屋面；水泥砂浆找坡由于其强度低、养护不足易起砂、开裂等原因，也不太使用。

结构找坡能够使防水层与结构基层黏结，防止水在防水层下窜流，避免轻质易吸水的找坡层形成永久的蓄水层，提高防水层可靠性，即使局部出现渗漏也便于查找漏源，所以种植平屋面工程当中应优先采取结构找坡。

4）找平层设计。结构混凝土屋面板上的找平层，宜采用原浆抹平压光，无须再做找平层。找平层的作用是为防水提供一个平整、坚硬的基面。就目前的施工水平而言，现浇混凝土采用随捣随抹工艺或加浆抹平工艺是完全可行的，这不但可以节约材料，更主要的是确保了找平层质量，减少了对防水层的损害。

采用水泥砂浆找平时，宜采用1:2.5加抗裂纤维水泥砂浆，厚度宜为15~20mm，应留设分格缝，纵横缝间距不宜大于6m，缝宽宜为5mm，兼作排气道时，缝宽应为20mm，并用密封胶封严。保温（隔热）层上的找平层应先设隔离层，再施工细石混凝土找平层，并留设分格缝，缝宽宜为5~20mm，纵横缝之间的间距不宜大于6m。

找平层是防水层的依附层，它的质量直接影响到防水层的效果。根据大量工程实践发现，找平层强度低、易开裂、起粉、起砂，容易使防水层黏结不牢、空鼓或被拉裂，所以找平层的厚度和技术要求应符合表4-5的要求，施工时应密实平整，待找平层收水后应进行二次压光和充分保湿养护，若找平层有酥松、起砂、起皮和空鼓等现象出现时，应将其铲除后重新修补。

表 4-5　找平层厚度和技术要求

找平层分类	适用的基层	厚度 /mm	技术要求
水泥砂浆	整体现浇混凝土板	15~20	1:2.5 水泥砂浆
	整体材料保温层	20~25	
细石混凝土	装配式混凝土板	30~35	C20 混凝土，宜加钢筋网片
	板状材料保温层		C20 混凝土

5）普通防水层设计。种植平屋面是项系统工程，构造复杂，建成后检修和修补困难，因而对防水系统要求极高，防水层作为基础工程，直接影响种植平屋面的使用效果及建筑物的安全，一旦发生漏水，只能将整个屋面铲除重修，补救的损耗相当大，所以防水层的处理是种植平屋面的技术关键。

在材料上，由于种植平屋面防水层埋置于种植土下，防水材料受紫外线、温度应力等作用较小，所以对材料耐紫外线、耐候性要求并不高，但因其长期处于潮湿环境且易受屋面变形能力影响，所以应选择耐腐蚀、耐霉变、耐长期水浸和对基层伸缩或开裂变形适应性强的防水卷材或涂料。如采用卷材防水层时，宜采用满粘法进行卷材铺贴施工，避免防水层与基层之间存在窜水通道。

在设计上，种植平屋面的防水层应满足一级防水等级设防要求，且必须至少设置一道具有耐根穿刺性能的防水材料。种植屋面防水层应采用不少于两道防水设防，上道应为耐根穿刺防水材料，同时为了保证防水层的整体性，两道防水层应相邻铺设且防水层的材料应具有相容性。

普通防水层所使用的防水材料应符合国家现行有关标准，普通防水层一道防水设防的最小厚度应符合表 4-6 的规定，防水卷材铺贴时应平整顺直，排出卷材下面的空气，搭接缝应采用与卷材相容的密封材料封严。

表 4-6　普通防水层一道防水设防的最小厚度

材料名称	最小厚度 /mm
改性沥青防水卷材	4.0
高分子防水卷材	1.5
自粘聚合物改性沥青防水卷材	3.0
高分子防水涂料	2.0
喷涂聚脲防水涂料	2.0

随着防水行业的发展，目前市场上也出现了很多新型防水材料和做法，如非固化橡

胶沥青防水涂料复合自粘耐根穿刺防水卷材，其中作为普通防水层的非固化橡胶沥青防水涂料具有优异的蠕变性和持久黏结性能，与自粘耐根穿刺防水卷材又同为沥青基材料，两者可以做到优势互补，目前已被广泛应用于种植平屋面当中，其厚度做到 2.0mm 即可满足相关规范要求。

伸出屋面的管道和预埋件等应在防水工程施工前安装完成，后装的设备基座下应增加一道防水增强层，施工时应避免破坏防水层和保护层。檐沟、天沟与屋面交接处、女儿墙、水落口、伸出屋面管道根部等部位，应增设与屋面防水材料相同或者相容的卷材或涂料附加防水层。防水附加层在平面和立面的宽度均不应小于 250mm，防水附加层最小厚度应符合表 4-7 中的要求。

表 4-7 防水附加层最小厚度

防水附加层材料	最小厚度 /mm
合成高分子防水卷材	1.2
高聚物改性沥青防水卷材（聚酯胎）	3.0
合成高分子防水涂料、聚合物水泥防水涂料	1.5
高聚物改性沥青防水涂料	2.0

注：涂膜附加层应夹铺胎体增强材料。

6）耐根穿刺防水层设计。种植平屋面防水遇到的最大难题是植物根系对防水材料的破坏。由于植物根系的生长都具有向水性和向下性，在生长的过程中会对处于下部的防水层产生较大的破坏力，从而导致屋面发生渗漏现象，甚至植物根系还会扎入结构薄弱点（如电梯井、通风孔、女儿墙等），从而造成建筑物结构层的破坏。为此，必须在普通的防水卷材或涂膜上铺设一道具有耐植物根系穿透的防水材料作为耐根穿刺防水层。耐根穿刺防水层设计应符合以下规定：

① 耐根穿刺防水材料的选用应通过耐根穿刺性能试验，试验方法应符合《种植屋面用耐根穿刺防水卷材》（GB/T 35468—2017）的规定，并由具有资质的检测机构出具合格检验报告。

② 耐根穿刺防水材料应具有耐霉菌腐蚀性能。

③ 改性沥青类耐根穿刺防水材料应含化学阻根剂。

④ 耐根穿刺防水材料的技术性能应符合《种植屋面用耐根穿刺防水卷材》（GB/T 35468—2017）和《种植屋面工程技术规程》（JGJ 155—2013）中的相关要求，改性沥青类耐根穿刺防水卷材厚度应不小于 4.0mm，塑料、橡胶类防水卷材厚度不小于 1.2mm，其中塑料类中聚乙烯丙纶防水卷材芯层厚度不得小于 0.6mm。

⑤ 种植平屋面用耐根穿刺防水卷材的基本性能及相关要求见表 4-8。其他聚合物改性沥青防水卷材类产品除耐热性外，应符合《弹性体改性沥青防水卷材》（GB 18242—2008）中 Ⅱ 型的全部相关要求。

表 4-8　种植平屋面用耐根穿刺防水卷材的基本性能及相关要求

序号	材料名称	要求
1	弹性体改性沥青防水卷材	GB 18242—2008 中 Ⅱ 型全部要求
2	塑性体改性沥青防水卷材	GB 18243—2008 中 Ⅱ 型全部要求
3	聚氯乙烯防水卷材	GB 19250—2011 中全部相关要求（外露卷材）
4	热塑性聚烯烃（TPO）防水卷材	GB 27789—2011 中全部相关要求（外露卷材）
5	高分子防水材料	GB/T 18173.1—2012 中全部相关要求
6	改性沥青聚乙烯胎防水卷材	GB 18967—2009 中 R 类全部要求

⑥种植平屋面用耐根穿刺防水卷材应用性能及要求应符合表 4-9 中的内容。

表 4-9　种植平屋面用耐根穿刺防水卷材应用性能及要求

序号	项目			技术指标
1	耐霉菌腐蚀性	防霉等级		0 级或 1 级
2	接缝剥离强度	无处理（N/mm）	沥青类防水卷材 SBS	≥ 1.5
			沥青类防水卷材 APP	≥ 1.0
			塑料类防水卷材 焊接	≥ 3.0 或卷材破坏
			塑料类防水卷材 黏结	≥ 1.5
			橡胶类防水卷材	≥ 1.5
		热老化处理后保持率 /%		≥ 80 或卷材破坏

⑦ 排（蓄）水层不得作为耐根穿刺防水材料使用。

⑧ 聚乙烯丙纶防水卷材和聚合物水泥胶结材料复合耐根穿刺防水材料应采用双层卷材复合作为一道耐根穿刺防水层。

⑨ 防水卷材搭接缝应采用与卷材相容的密封材料封严。内增强型高分子耐根穿刺防水卷材接缝应用密封胶封闭。

⑩ 常用种植平屋面防水层设计方案的做法见表 4-10。

表 4-10　常用种植平屋面防水层设计方案的做法

序号	类型	普通防水卷材、防水涂料层	耐根穿刺防水层
1	涂料+卷材	2.0mm 厚聚氨酯防水涂料	4.0mm 厚自粘耐根穿刺防水卷材
2		2.0mm 厚非固化橡胶沥青防水涂料	4.0mm 厚自粘耐根穿刺防水卷材
3			4.0mm 厚弹性体（SBS）改性沥青耐根穿刺防水卷材
4			4.0mm 厚塑性体（APP）改性沥青耐根穿刺防水卷材
5		2.0mm 厚非沥青非固化改性橡胶防水涂料	≥1.2mm 厚 TPO 耐根穿刺防水卷材
6			1.6mm 厚自粘 TPO 耐根穿刺防水卷材
7		2.0mm 厚聚合物水泥防水涂料（Ⅱ型）	4.0mm 厚自粘耐根穿刺防水卷材
8			≥1.2mm 厚 PVC 耐根穿刺防水卷材
9			≥1.2mm 厚 TPO 耐根穿刺防水卷材
10			1.6mm 厚自粘 TPO 耐根穿刺防水卷材
11			聚乙烯丙纶耐根穿刺（0.7mm 厚卷材+1.3mm 厚聚合物水泥胶结料）×2
12	卷材+卷材	1.5mm 厚自粘聚合物改性沥青防水卷材（N 类、双面自粘）	4.0mm 厚自粘耐根穿刺防水卷材
13		1.5mm 厚湿铺防水卷材（高分子膜基、双面自粘、非沥青基）	4.0mm 厚自粘耐根穿刺防水卷材
14			≥1.2mm 厚 TPO 耐根穿刺防水卷材
15			1.6mm 厚自粘 TPO 耐根穿刺防水卷材
16		3.0mm 厚自粘聚合物改性沥青防水卷材（PY 类）	4.0mm 厚自粘耐根穿刺防水卷材
17			4.0mm 厚弹性体（SBS）改性沥青耐根穿刺防水卷材
18			4.0mm 厚塑性体（APP）改性沥青耐根穿刺防水卷材
19		3.0mm 厚湿铺防水卷材（PY 类）	4.0mm 厚自粘耐根穿刺防水卷材
20			4.0mm 厚弹性体（SBS）改性沥青耐根穿刺防水卷材
21			4.0mm 厚塑性体（APP）改性沥青耐根穿刺防水卷材
22		4.0mm 厚高聚物改性沥青防水卷材	4.0mm 厚弹性体（SBS）改性沥青耐根穿刺防水卷材
23			4.0mm 厚塑性体（APP）改性沥青耐根穿刺防水卷材
24		1.5 厚三元乙丙橡胶防水卷材	1.5mm 厚三元乙丙橡胶防水卷材
25	涂料+涂料	2.0mm 厚聚脲防水涂料	2.0mm 厚喷涂聚脲防水涂料
26		2.0mm 厚聚合物水泥防水涂料（Ⅱ型）	2.0mm 厚喷涂聚脲防水涂料

注：1. 防水涂料或防水卷材厚度指单道防水层最小厚度。

2. 聚氨酯防水涂料与沥青防水卷材复合时，宜设置 30mm 厚 M15 水泥砂浆隔离层。

7）隔离层设计。防水层上采用水泥砂浆或细石混凝土做保护层时，为避免出现刚性保护层材料由于自身的收缩或温度变化而对防水层进行拉伸，使防水层疲劳开裂而发生渗漏的情况，水泥砂浆或细石混凝土保护层与柔性防水层之间应设置一道隔离层，隔离层做法及适用范围应符合表 4-11 的要求。

表 4-11　隔离层做法及适用范围

序号	材料做法	适用范围
1	0.4mm 厚聚乙烯膜	水泥砂浆保护层
2	3mm 厚发泡聚乙烯膜	
3	200g/m² 聚酯无纺布	
4	石油沥青卷材一层	
5	10mm 厚黏土砂浆，石灰膏：砂：黏土 =1:2.4:3.6	细石混凝土保护层
6	10mm 厚石灰砂浆，石灰膏：砂 =1:4	
7	5mm 厚掺有纤维的石灰砂浆	

8）保护层设计。为延长防水层的使用年限，耐根穿刺防水层上应设置保护层，保护层做法及其适用范围见表 4-12，并应符合下列规定：

①简单式种植平屋面和容器式种植宜采用体积比为 1：3、厚度为 15~20mm 的水泥砂浆做保护层。

②花园式种植平屋面宜采用厚度不小于 40mm 的细石混凝土做保护层。

③地下建筑顶板种植应采用厚度不小于 70mm 的细石混凝土做保护层，当上层采用高强度塑料排水板排水时，可适当减薄或取消此保护层。

④采用水泥砂浆和细石混凝土做保护层时，保护层下面应铺设隔离层。

⑤采用土工布或聚酯无纺布做保护层时，单位面积质量不应小于 300g/m²。

⑥采用高密度聚乙烯土工膜做保护层时，厚度不应小于 0.4mm。

表 4-12　保护层做法及其适用范围

序号	材料做法	适用范围
1	≥ 300g/m² 土工布	坡度为 2%~10% 的种植平屋面的简单式种植、容器式种植；坡度为 10%~20% 的种植坡屋面
2	芯材厚度≥ 0.4mm 聚乙烯丙纶复合防水卷材	
3	厚度≥ 0.4mm 高密度聚乙烯土工膜	
4*	1：3 水泥砂浆，厚度为 15~20mm	
5*	40mm 厚细石混凝土	坡度为 2%~10% 的种植平屋面的花园式种植；坡度为 20%~50% 的种植坡屋面
6*	70mm 厚细石混凝土	地下建筑顶板种植

注：带"*"的保护层需在其下方铺设隔离层，隔离层做法见表 4-11。

当采用水泥砂浆或细石混凝土做保护层时，表面应抹平压光，并应设分格缝，水泥砂浆保护层分格面积宜为 $1m^2$；细石混凝土分格缝纵横间距不应大于 6m，缝宽宜为 10~20mm，并用密封材料嵌填。

9）排（蓄）水层设计。排（蓄）水层的作用是将通过过滤层的多余的水，从屋面排除，以防止因积水过多而导致植物烂根、死亡，所以种植平屋面排水防水系统除做好防水层的精心设计外，还应做好位于耐根穿刺防水层上的排（蓄）水层构造系统的处理。

排（蓄）水层应根据种植介质层的厚度和植物种类分别选用具有不同承载能力的塑料排水板、橡胶排水板、碎石或陶粒等材料。排（蓄）水层应具备通气、排水、储水、抗压强度大、耐久性好的性质，排（蓄）水层做法及主要指标见表4-13。

表4-13　排（蓄）水层做法及主要指标

序号	材料做法	主要指标	
1	凹凸形排（蓄）水板	压缩率为 20% 时最大强度	$\geq 400kPa$
2		纵向通水量（侧压力 150kPa）	$\geq 10cm^3/s$
3	网状交织形排水板	抗压强度	$\geq 50kN/m^2$
4		表面开孔率	$\geq 95\%$
5		通水量	$380cm^3/s$
6	级配碎石	粒径宜为 10~25mm，铺设厚度 $\geq 100mm$	
7	卵石	粒径宜为 25~40mm，铺设厚度 $\geq 100mm$	
	陶粒	粒径宜为 10~25mm，铺设厚度 $\geq 100mm$	

排（蓄）水层的设计应符合下列规定：

①排（蓄）水层的材料的技术性能指标应符合国家现行规范《种植屋面工程技术规程》（JGJ 155—2013），并根据屋面的功能及环境、经济条件等进行选择。

②排（蓄）水系统应结合找坡泛水设计。

③年蒸发量大于降水量的地区，宜选用蓄水功能强的排（蓄）水材料。

④排（蓄）水层应结合排水沟分区设置。

种植平屋面应根据种植形式和汇水面积，确定水落口数量和水落管直径，并应设置雨水收集系统。

种植平屋面的排水坡度不宜小于 2%；天沟、檐沟的排水坡度不宜小于 1%。

10）过滤层设计。在种植介质与排水层之间应铺设一道过滤层，作用是将种植介质层中因下雨或浇水后多余的水及时通过过滤层排出，以防止因积水而导致植物烂根和枯萎，同时可将种植介质材料保留下来，避免发生种植土流失。

过滤层材料可选择单位面积质量为 200~300g/m² 的聚酯纤维或聚丙烯纤维土工布、

粒径 50~80mm 的中粗砂等材料做隔离过滤层，同时，为了保持水的渗透速度，其过滤层的总孔隙率不宜小于 65%。

过滤层的设计应符合下列规定：

①过滤层的材料宜选用聚酯无纺布，单位面积质量为 200~300g/m²。

②过滤层材料的搭接宽度不应小于 150mm。

③过滤层应沿种植挡墙向上铺设，与种植土高度一致。

11）种植土层设计。种植介质层是指屋面种植的植物赖以生长的土壤层。种植土是指具有一定渗透性、蓄水能力和空间稳定性，可提供屋面植物生长所需养分的田园土、改良土和无机种植土的总称。

田园土具有取土方便、价廉等特点，单建式地下建筑顶板种植土较厚，用土量较大，故一般选用田园土比较经济；改良土（有机种植土）因掺入珍珠岩、蛭石、草炭等轻质材料和有机或无机肥料等混合物，密度较小，在采取了土壤消毒等措施后，适用于屋面种植；无机种植土是指由多种非金属矿物质、无机肥料等混合而成的一类种植土，其自重较轻，适用于做简单式种植屋面。

常见种植土主要性能应符合表 4-3 中的规定；常见改良土的配制宜符合表 4-14 的规定。改良土有机材料体积掺入量不宜大于 30%，有机质材料应充分腐熟灭菌。

表 4-14　常见改良土配制

主要配比材料	配置比例	饱和水密度 /（kg/m³）
田园土：轻质集料	1:1	≤ 1200
腐叶土：蛭石：沙土	7:2:1	780~1000
田园土：草炭：（蛭石或肥料）	4:3:1	1100~1300
田园土：草炭：松针土：珍珠岩	1:1:1:1	780~1100
田园土：草炭：松针土	3:4:3	780~950
轻沙土壤：腐殖土：珍珠岩：蛭石	2.5:5:2:0.5	≤ 1100
轻沙土壤：腐殖土：蛭石	5:3:2	1100~1300

地下建筑顶板种植土宜采用田园土，土壤质地要求疏松、不板结、土块易打碎，田园土的主要性能宜符合表 4-15 的规定。

表 4-15　田园土的主要性能

项目	渗透系数 /（cm/s）	饱和水密度 /（kg/m³）	有机质含量 / %	全盐含量 / %	pH 酸碱度
性能要求	≥ 10⁻⁴	≤ 1100	≥ 5	< 0.3	6.5~8.2

种植介质层的厚度应根据屋面结构的承载能力以及介质的堆积密度和种植植物种类，通过计算确定。种植土类型选用见表4-16。一般来说，草坪的种植介质层厚度为200~300mm，小灌木的种植介质层厚度为300~400mm，大灌木的种植介质层厚度为400~600mm，乔木的种植介质层厚度为600~900mm。

表4-16　种植土类型选用表

种植类型	种植土种类		
	改良土	无机种植土	田园土
简单式种植	△	○	—
花园式种植	○	△	○
坡屋面种植	△	○	—
钢基板种植	○	△	—
容器式种植	△	○	—
地下室顶板种植	△	○	○

注："△"表示推荐使用，"○"表示可用，"—"表示不宜使用。

种植土四周应设置挡墙，挡墙下部应设泄水孔，并应与排水管（孔）相连通。

既有屋面进行种植改造前，必须检测鉴定房屋结构安全性，应以结构鉴定报告作为设计依据，确定种植形式。其宜选用轻质种植土，种植地被植物，选择容器式种植类型。

12）植被层设计。我国地域辽阔，各地气候差异很大，植被层设计应以因地制宜的原则，确定种植形式、种植土类型及厚度和植物种类。

植被层应根据气候条件、屋面类型、屋面荷载、功能要求、屋面大小、坡度、建筑高度、受光条件、绿化布局、观赏效果、水肥供给、风荷载和后期管理等因素进行设计。

根据当地气候条件，植被层宜选择耐旱、耐瘠薄、耐修剪、耐高温和滞尘能力强的植物品种。

屋面种植植物应符合下列规定：

①不宜种植高大乔木、速生乔木。

②不宜种植根系发达的植物和根状茎植物。

③高层建筑屋面和坡屋面宜种植草坪和地被植物。

④树木定植点与边墙的安全距离应大于树高。

屋面种植乔灌木高于2.0m、地下建筑顶板种植乔灌木高于4.0m时，应采取固定措施，并符合下列规定：

①树木固定可选择地上支撑固定法（图4-2）、地上牵引固定法（图4-3）、预埋索固定法（图4-4）和地下锚固法（图4-5）。

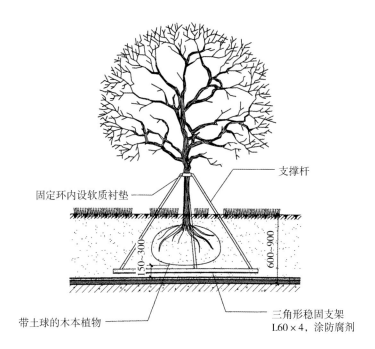

固定环内设软质衬垫

支撑杆

600~900

150~300

带土球的木本植物

三角形稳固支架
L60×4，涂防腐剂

图 4-2　地上支撑固定法

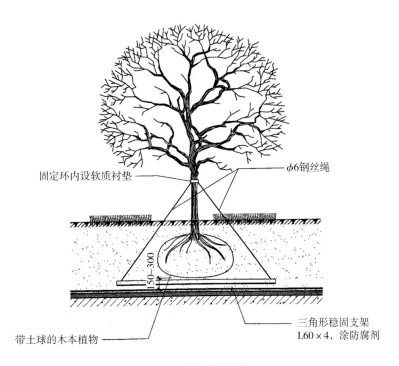

固定环内设软质衬垫

φ6钢丝绳

150~300

带土球的木本植物

三角形稳固支架
L60×4，涂防腐剂

图 4-3　地上牵引固定法

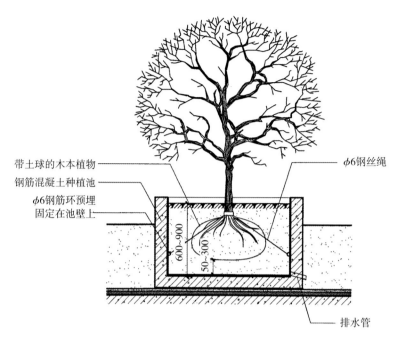

图 4-4　预埋索固定法

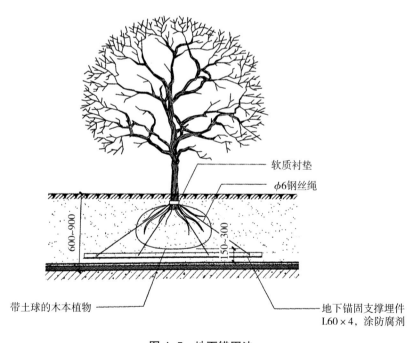

图 4-5　地下锚固法

②树木应固定牢固，绑扎处应加软质衬垫。

（6）常用种植平屋面构造设计　种植平屋面可选择简单式种植和花园式种植。简单式种植平屋面构造如图 4-6 所示，花园式种植平屋面构造如图 4-7 所示。

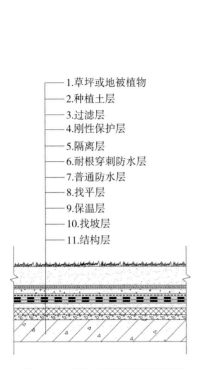

1. 草坪或地被植物
2. 种植土层
3. 过滤层
4. 刚性保护层
5. 隔离层
6. 耐根穿刺防水层
7. 普通防水层
8. 找平层
9. 保温层
10. 找坡层
11. 结构层

图 4-6　简单式种植平屋面构造

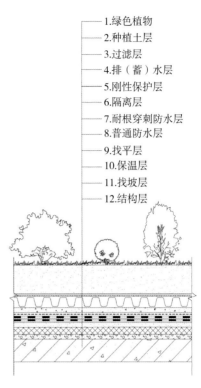

1. 绿色植物
2. 种植土层
3. 过滤层
4. 排（蓄）水层
5. 刚性保护层
6. 隔离层
7. 耐根穿刺防水层
8. 普通防水层
9. 找平层
10. 保温层
11. 找坡层
12. 结构层

图 4-7　花园式种植平屋面构造

国家建筑标准设计图集《种植屋面建筑构造》（14J206）中列出的常用种植平屋面构造做法（表 4-17），种植平屋面常用耐根穿刺复合防水层选用表（表 4-18）。

表 4-17　种植平屋面构造做法（参照国标图集）

构造编号	简图	构造做法	备注
ZW1	无保温（隔热）层	（1）植被层 （2）100~300mm 厚种植土 （3）150~200g/m² 无纺布过滤层 （4）10~20mm 高凹凸形排（蓄）水板 （5）土工布或聚酯无纺布保护层，单位面积质量 ≥ 300g/m² （6）耐根穿刺复合防水层 （7）20mm 厚 1:3 水泥砂浆找平层 （8）最薄 30mm 厚 LC5.0 轻集料混凝土或泡沫混凝土 2% 找坡层 （9）钢筋混凝土屋面板	（1）耐根穿刺复合防水层的选用见表 4-18 （2）植被层选用草坪、地被、小灌木

（续）

构造编号	简图	构造做法	备注
ZW2	有保温（隔热）层	（1）植被层 （2）100~300mm 厚种植土 （3）150~200g/m² 无纺布过滤层 （4）10~20mm 高凹凸形排（蓄）水板 （5）土工布或聚酯无纺布保护层，单位面积质量≥300g/m² （6）耐根穿刺复合防水层 （7）20mm 厚 1:3 水泥砂浆找平层 （8）最薄 30mm 厚 LC5.0 轻集料混凝土或泡沫混凝土 2% 找坡层 （9）保温（隔热）层 （10）钢筋混凝土屋面板	（1）耐根穿刺复合防水层的选用见表 4-18 （2）植被层选用草坪、地被、小灌木
ZW2-2	有保温（隔热）层	（1）植被层 （2）100~300mm 厚种植土 （3）高密度聚乙烯防排水保护板（自粘土工布）+ 虹吸排水槽 （4）耐根穿刺复合防水层 （5）20mm 厚 1:3 水泥砂浆找平层 （6）保温（隔热）层 （7）钢筋混凝土屋面板	（1）耐根穿刺复合防水层的选用见表 4-18 （2）植被层选用草坪、地被、小灌木
ZW3	无保温（隔热）层	（1）植被层 （2）100~300mm 厚种植土 （3）150~200g/m² 无纺布过滤层 （4）10~20mm 高凹凸形排（蓄）水板 （5）20mm 厚 1:3 水泥砂浆保护层 （6）隔离层 （7）耐根穿刺复合防水层 （8）20mm 厚 1:3 水泥砂浆找平层 （9）最薄 30mm 厚 LC5.0 轻集料混凝土或泡沫混凝土 2% 找坡层 （10）钢筋混凝土屋面板	（1）耐根穿刺复合防水层的选用见表 4-18 （2）植被层选用草坪、地被、小灌木

（续）

构造编号	简图	构造做法	备注
ZW4	有保温（隔热）层	（1）植被层 （2）100~300mm 厚种植土 （3）150~200g/m² 无纺布过滤层 （4）10~20mm 高凹凸形排（蓄）水板 （5）20mm 厚 1∶3 水泥砂浆保护层 （6）隔离层 （7）耐根穿刺复合防水层 （8）20mm 厚 1∶3 水泥砂浆找平层 （9）最薄 30mm 厚 LC5.0 轻集料混凝土或泡沫混凝土 2% 找坡层 （10）保温（隔热）层 （11）钢筋混凝土屋面板	（1）耐根穿刺复合防水层的选用见表 4-18 （2）植被层选用草坪、地被、小灌木
ZW5	无保温（隔热）层	（1）植被层 （2）300~600mm 厚种植土 （3）≥200g/m² 无纺布过滤层 （4）≥20mm 高凹凸形排（蓄）水板 （5）40mm 厚 C20 细石混凝土保护层 （6）隔离层 （7）耐根穿刺复合防水层 （8）20mm 厚 1∶3 水泥砂浆找平层 （9）最薄 30mm 厚 LC5.0 轻集料混凝土或泡沫混凝土 2% 找坡层 （10）钢筋混凝土屋面板	（1）耐根穿刺复合防水层的选用见表 4-18 （2）隔离材料选用及做法见表 4-11 （3）植被层可选用草坪、地被、小灌木、大灌木、小乔木；当种植大乔木时应有局部加高种植土高度的措施
ZW6	有保温（隔热）层	（1）植被层 （2）300~600mm 厚种植土 （3）≥200g/m² 无纺布过滤层 （4）≥20mm 高凹凸形排（蓄）水板 （5）40mm 厚 C20 细石混凝土保护层 （6）隔离层 （7）耐根穿刺复合防水层 （8）20mm 厚 1∶3 水泥砂浆找平层 （9）最薄 30mm 厚 LC5.0 轻集料混凝土或泡沫混凝土 2% 找坡层 （10）保温（隔热）层 （11）钢筋混凝土屋面板	（1）耐根穿刺复合防水层的选用见表 4-18 （2）隔离材料选用及做法见表 4-11 （3）植被层可选用草坪、地被、小灌木、大灌木、小乔木；当种植大乔木时应有局部加高种植土高度的措施

（续）

构造编号	简图	构造做法	备注
ZW7	无保温（隔热）层	（1）植被层 （2）300~600mm 厚种植土 （3）≥ 200g/m² 无纺布过滤层 （4）10~20mm 厚网状交织排水板 （5）40mm 厚 C20 细石混凝土保护层 （6）隔离层 （7）耐根穿刺复合防水层 （8）20mm 厚 1:3 水泥砂浆找平层 （9）最薄 30mm 厚 LC5.0 轻集料混凝土或泡沫混凝土 2% 找坡层 （10）钢筋混凝土屋面板	（1）耐根穿刺复合防水层的选用见表 4-18 （2）隔离材料选用及做法见表 4-11 （3）植被层可选用草坪、地被、小灌木、大灌木、小乔木；当种植大乔木时应有局部加高种植土高度的措施
ZW8	有保温（隔热）层	（1）植被层 （2）300~600mm 厚种植土 （3）≥ 200g/m² 无纺布过滤层 （4）10~20mm 厚网状交织排水板 （5）40mm 厚 C20 细石混凝土保护层 （6）隔离层 （7）耐根穿刺复合防水层 （8）20mm 厚 1:3 水泥砂浆找平层 （9）最薄 30mm 厚 LC5.0 轻集料混凝土或泡沫混凝土 2% 找坡层 （10）保温（隔热）层 （11）钢筋混凝土屋面板	（1）耐根穿刺复合防水层的选用见表 4-18 （2）隔离材料选用及做法见表 4-11 （3）植被层可选用草坪、地被、小灌木、大灌木、小乔木；当种植大乔木时应有局部加高种植土高度的措施
ZW9	无保温（隔热）层	（1）植被层 （2）300~600mm 厚种植土 （3）≥ 200g/m² 无纺布过滤层 （4）10~20mm 厚网状交织排水板 （5）100mm 厚级配碎石或卵石或陶粒 （6）40mm 厚 C20 细石混凝土保护层 （7）隔离层 （8）耐根穿刺复合防水层 （9）20mm 厚 1:3 水泥砂浆找平层 （10）最薄 30mm 厚 LC5.0 轻集料混凝土或泡沫混凝土 2% 找坡层 （11）钢筋混凝土屋面板	（1）耐根穿刺复合防水层的选用见表 4-18 （2）隔离材料选用及做法见表 4-11 （3）植被层可选用草坪、地被、小灌木、大灌木、小乔木；当种植大乔木时应有局部加高种植土高度的措施

（续）

构造编号	简图	构造做法	备注
ZW10	 有保温（隔热）层	（1）植被层 （2）300~600mm 厚种植土 （3）≥ 200g/m² 无纺布过滤层 （4）10~20mm 厚网状交织排水板 （5）100mm 厚级配碎石或卵石或陶粒 （6）40mm 厚 C20 细石混凝土保护层 （7）隔离层 （8）耐根穿刺复合防水层 （9）20mm 厚 1：3 水泥砂浆找平层 （10）最薄 30mm 厚 LC5.0 轻集料混凝土或泡沫混凝土 2% 找坡层 （11）保温（隔热）层 （12）钢筋混凝土屋面板	（1）耐根穿刺复合防水层的选用见表 4-18 （2）隔离材料选用及做法见表 4-11 （3）植被层可选用草坪、地被、小灌木、大灌木、小乔木；当种植大乔木时应有局部加高种植土高度的措施

表 4-18　种植平屋面常用耐根穿刺复合防水层选用表

编号	普通防水卷材、防水涂料防水层	编号	耐根穿刺防水层	相容的普通防水层
F1	4.0mm 厚改性沥青防水卷材	N1	4.0mm 厚弹性体（SBS）改性沥青防水卷材（含化学阻根剂）	F1、F2、F11、F12
F2	3.0mm 厚自粘聚合物改性沥青防水卷材	N2	4.0mm 厚塑性体（APP）改性沥青防水卷材（含化学阻根剂）	
F3	1.5mm 厚三元乙丙橡胶防水卷材	N3	1.2mm 厚聚氯乙烯（PVC）防水卷材	F4、F6、F8、F13
F4	1.5mm 厚聚氯乙烯（PVC）防水卷材	N4	1.2mm 厚热塑性聚烯烃（TPO）防水卷材	F3、F5、F6、F8、F9、F13
F5	1.5mm 厚热塑性聚烯烃（TPO）防水卷材	N5	1.2mm 厚三元乙丙橡胶防水卷材	
F6	聚乙烯丙纶复合防水卷材：0.7mm 厚聚乙烯丙纶卷材 +1.3mm 厚聚合物水泥胶结料	N6	2.0mm 厚喷涂聚脲防水涂料	F5、F6、F8、F9、F13
		N7	4.0mm 厚自粘聚合物改性沥青防水卷材	F1、F2、F8、F10、F12、F13
F7	2.0mm 厚聚氨酯防水涂料	N8	聚乙烯丙纶复合防水卷材：0.7mm 厚聚乙烯丙纶卷材 +1.3mm 厚聚合物水泥胶结料（聚乙烯丙纶防水卷材和聚合物水泥胶结料复合耐根穿刺防水材料应采用双层卷材复合作为一道耐根穿刺防水层）	F6、F8、F9、F10、F13
F8	2.0mm 厚Ⅱ型聚合物水泥防水涂料			
F9	2.0mm 厚聚脲防水涂料			
F10	2.0mm 厚喷涂速凝橡胶沥青防水涂料			
F11	3.0mm 厚高聚物改性沥青防水涂料			
F12	2.0mm 厚非固化橡胶沥青防水涂料			
F13	30mm 厚Ⅲ型硬质发泡聚氨酯防水保温一体化			

注：1. 一级防水等级耐根穿刺复合防水层应选用一道普通防水层及一道耐根穿刺防水层，如：N1+F1。

　　2. 本表给出的普通防水材料与耐根穿刺防水材料为两者材质相容性的防水层做法，可直接复合使用。可在两者之间设置一道 30mm 厚水泥砂浆隔离层或其他有效隔离措施。

2. 坡屋面

种植坡屋面的基本构造层次包括：基层、绝热层、防水垫层、耐根穿刺防水层、保护层、排（蓄）水层、过滤层、种植土层和植被层。根据各地区气候特点、屋面形式、植物种类等情况，可增减屋面构造层次。

防水垫层表面应具有防滑性能或采取防滑措施。

主要防水垫层最小厚度应符合：SBS（APP）改性沥青防水卷材最小厚度为 3.0mm，自粘聚合物改性沥青防水卷材最小厚度为 1.5mm，高分子防水卷材最小厚度为 1.2mm，非沥青基交叉膜防水卷材最小厚度为 1.5mm，丁基自粘高分子防水卷材最小厚度为 1.5mm，聚合物水泥防水涂料最小厚度为 1.5mm，聚氨酯防水涂料（抗流挂型）最小厚度为 1.5mm，沥青类防水涂料最小厚度为 2.0mm，详见表 4-19。

表 4-19　防水垫层种类和其最小厚度

材料名称	最小厚度 /mm
SBS（APP）改性沥青防水卷材	3.0
自粘聚合物改性沥青防水卷材	1.5
高分子防水卷材	1.2
非沥青基交叉膜防水卷材	1.5
丁基自粘高分子防水卷材	1.5
聚合物水泥防水涂料	1.5
聚氨酯防水涂料（抗流挂型）	1.5
沥青类防水涂料	2.0

耐根穿刺防水层防水材料应符合《种植屋面用耐根穿刺防水卷材》（GB/T 35468—2017）的规定。屋面坡度小于 10% 的种植坡屋面按照平屋面执行。屋面坡度大于 10% 的种植屋面应需设置防滑构造。屋面坡度大于 50% 时，不宜做种植屋面。

针对屋面坡度大于 10% 的种植屋面设置的防滑构造应符合：①满覆盖种植时可采取挡墙或挡板等防滑措施。当设置防滑挡墙时，防水层应满包挡墙，挡墙应设置排水通道；当设置防滑挡板时，防水层和过滤层应在挡板下连续铺设。②非满覆盖种植时可采用阶梯式或台地式种植。阶梯式种植设置防滑挡墙时，防水层应满包挡墙；台地式种植屋面应采用现浇钢筋混凝土结构，并应设置排水沟。

同时，种植坡屋面不宜采用土工布等软质保护层，屋面坡度大于 20% 时，保护层应采用细石钢筋混凝土。覆盖种植宜采用草坪地被植物。

3. 单层卷材屋面

单层防水卷材最小厚度应符合：高分子防水卷材最小厚度为 1.5mm，弹性体（或塑性体）改性沥青防水卷材最小厚度为 5.0mm，详见表 4-20。

单层防水卷材应进行人工气候老化试验，并应符合国家现行有关标准的规定，外露使用时的辐照时间不应小于 2500h。

当聚氯乙烯防水卷材、热塑性聚烯烃防水卷材采用机械固定法铺设时，应选用内增强型产品。

改性沥青防水卷材应选用玻纤增强聚酯毡胎基产品，外露使用的防水卷材表面应覆有页岩片、粗矿物颗粒等耐候性、难燃性保护材料。

表 4-20　单层防水卷材种类和其最小厚度

材料名称	最小厚度 /mm
高分子防水卷材	1.5
弹性体改性沥青防水卷材	5.0
塑性体改性沥青防水卷材	

4. 节点处理

（1）女儿墙泛水部位构造　女儿墙部位应设置缓冲带，其宽度不应小于 300mm。缓冲带可结合卵石带、园路或排水沟等设置；阴阳角部位的防水附加层应在大面防水层施工前完成，且应与基层满粘，防水层的泛水高度高出种植土不应小于 250mm；防水卷材收头应采用金属压条钉压固定，并应用密封膏封严（图 4-8）。

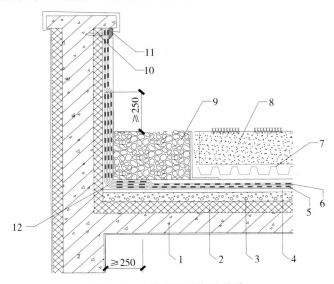

图 4-8　女儿墙泛水部位构造

1—结构层　2—保温层　3—找坡层　4—找平层　5—普通防水层　6—耐根穿刺防水层
7—防水排水保护板　8—种植层　9—缓冲层　10—水泥钉　11—密封膏　12—防水附加层

（2）水落口部位构造　水落口周围直径 500mm 范围内的坡度不应小于 5%，防水层下应增设涂膜附加层；防水层和附加层伸入水落口杯内不应小于 50mm，并应黏结牢固；水落口位于绿地内时，水落口上方应设置雨水观察井，并应在周边设置不小于 300mm 的卵石缓冲带；水落口位于铺装层上时，基层应满铺防水排水保护板，上设雨水箅子（图 4-9~ 图 4-11）。

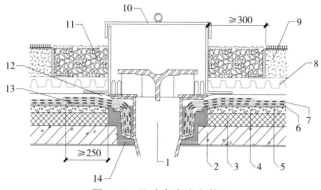

图 4-9　绿地内直式水落口

1—雨水观察井　2—结构层　3—保温层　4—找坡层　5—找平层　6—普通防水层　7—耐根穿刺防水层
8—防水排水保护板　9—种植层　10—井盖　11—缓冲层　12—保护层　13—防水附加层　14—密封胶

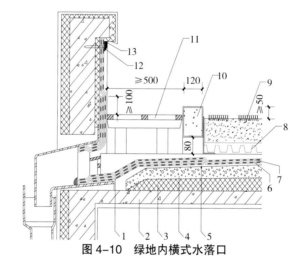

图 4-10　绿地内横式水落口

1—防水附加层　2—结构层　3—保温层　4—找坡层　5—找平层　6—普通防水层　7—耐根穿刺防水层
8—防水排水保护板　9—种植层　10—挡土墙　11—铸铁箅子　12—水泥钉　13—密封膏

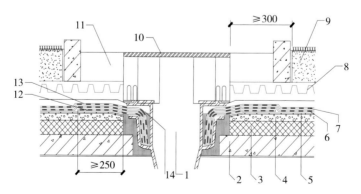

图 4-11　铺装层上水落口

1—水落口　2—结构层　3—保温层　4—找坡层　5—找平层　6—普通防水层　7—耐根穿刺防水层
8—防排水保护板　9—种植层　10—雨箅子　11—铺装层　12—保护层　13—防水附加层　14—密封胶

（3）出入口部位构造　出入口泛水处应增设防水附加层和护墙，防水附加层在平面上的宽度不应小于250mm；防水层应在混凝土踏步下收头，应采用金属压条钉压固定，并应用密封膏封严（图4-12）。

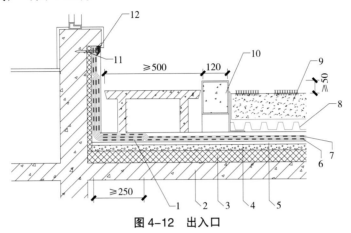

图 4-12　出入口

1—防水附加层　2—结构层　3—保温层　4—找坡层　5—找平层　6—普通防水层　7—耐根穿刺防水层
8—防水排水保护板　9—种植层　10—挡土墙　11—水泥钉　12—密封膏

（4）管道部位构造　管道周围的找平层应抹出高度不小于30mm的排水坡；管道泛水处的防水层下应增设防水附加层，防水附加层在平面的宽度不应小于250mm，防水层应高于种植土不小于250mm；卷材收头应用水泥钉固定，并应用密封膏封严（图4-13）。

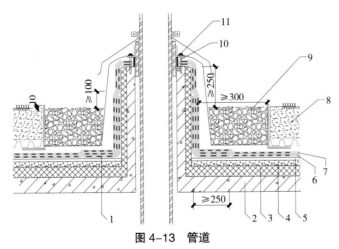

图 4-13　管道

1—防水附加层　2—结构层　3—保温层　4—找坡层　5—找平层　6—普通防水层
7—耐根穿刺防水层　8—防水排水保护板　9—种植层　10—水泥钉　11—密封膏

（5）檐口部位构造　檐口顶部应设置种植土挡墙；挡墙应埋设排水管（孔）；挡墙应铺设防水层，并与檐口防水层连成一体；檐口部位应增设防水附加层，防水附加层伸入屋面的宽度不应小于250mm，防水层和防水附加层应由沟底翻上至外侧墙顶部，卷材收头应用金属压条钉压，并用密封材料封严（图 4-14）。

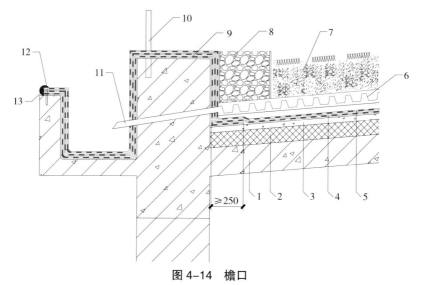

图 4-14　檐口

1—结构层　2—保温层　3—找平层　4—普通防水层　5—耐根穿刺防水层　6—防水排水保护板　7—种植层
8—缓冲层　9—防水附加层　10—防护栏杆　11—排水管　12—水泥钉　13—密封膏

（6）变形缝部位构造　变形缝上不应种植，变形缝应高于种植土，可铺设盖板作为园路；变形缝泛水处的防水层下应增设防水附加层，防水附加层在平面和立面的宽度不应小于 250mm；防水层应铺贴至泛水墙的顶部；变形缝内应预填不燃保温材料，上部应采用防水卷材封盖，并放置衬垫材料，再在其上干铺一层卷材；变形缝顶部宜加扣混凝土或金属盖板（图 4-15）。

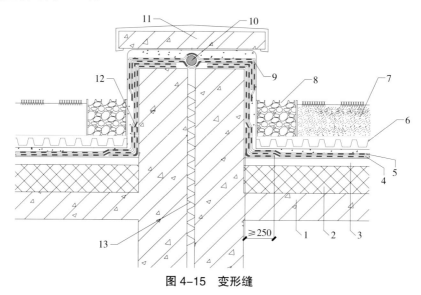

图 4-15　变形缝

1—结构层　2—保温层　3—找平层　4—普通防水层　5—耐根穿刺防水层　6—防水排水保护板
7—种植层　8—缓冲层　9—卷材封盖　10—衬垫材料　11—盖板　12—防水附加层　13—聚乙烯泡沫填缝

（7）门槛部位构造　室内与室外连接的门槛处应用 C30 细石混凝土塞缝；门框下的泛水需采用细石混凝土灌缝；室外门槛泛水处应增设防水附加层，防水附加层在平面和立面的宽度不应小于 250mm；防水层应铺贴至门框处，并用密封材料密封（图 4-16）。

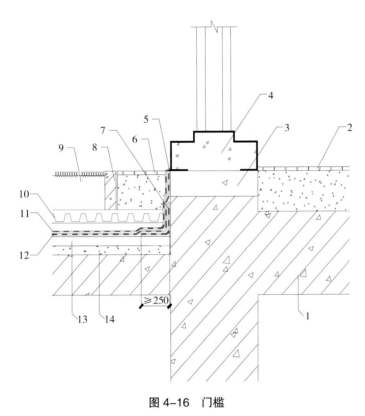

图 4-16　门槛

1—结构层　2—室内地面　3—聚合物水泥防水砂浆塞缝　4—细石混凝土
5—密封材料　6—室外铺装层　7—防水附加层　8—挡墙　9—种植层　10—防水排水保护板
11—耐根穿刺防水层　12—普通防水层　13—找平层　14—找坡层

4.2　地下建筑顶板种植防水排水设计

4.2.1　地下建筑顶板种植排水设计

地下建筑顶板种植排水设计可参考第 4.1.1 小节的内容，需要注意的是，地下建筑顶板，覆土层厚度大于 2.0m 时，可不设过滤层和排（蓄）水层；覆土厚度小于 2.0m 时，宜设置内排水系统。下沉式顶板种植因有封闭的周界墙，为防止积水，应设自流排水系统。采取排水措施，是为避免排水层积水，以及植物沤根。

面积较大（1 万 m² 以上）的地下建筑顶板种植宜采用虹吸排水系统，系统由防排水保护板（自带土工布）、虹吸排水槽、透气观察管、虹吸排水管和观察井等构成，其系统构造如图 4-17 所示。

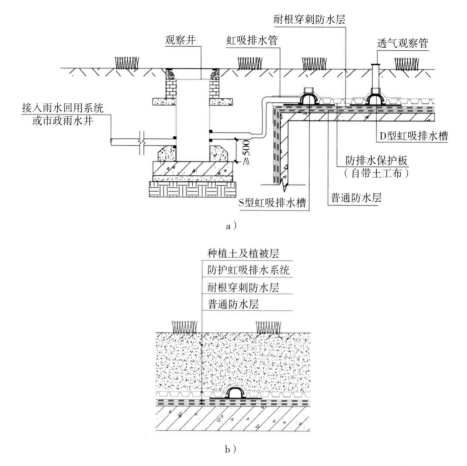

图 4-17　顶板种植虹吸排水构造

4.2.2　地下建筑顶板种植防水设计

地下建筑顶板种植是指在地下建筑物、构筑物的顶部承重板上进行的绿化种植以及相关园林景观的建造。

1. 地下建筑顶板种植设计基本规定

地下建筑顶板种植通常作为景观设计而成为公众活动场所，一旦发生渗漏，会在较大范围内影响正常使用。特别是当顶板种植规模较大，土层厚，维修起来则更困难，因此地下建筑顶板种植在设计时应特别重视。

地下建筑顶板种植设计时应符合下列规定：

1）地下建筑顶板种植的防水等级应为一级。

2）地下建筑顶板种植应按永久性绿化设计。

3）种植土与周边自然土体不相连，且高于周边地坪时，应按种植屋面要求设计；种植土与周边地面相连时，宜设置盲沟排水。

4）地下建筑顶板种植的种植荷载取值应考虑到种植土荷载、植物荷载、地下建筑顶板上的行车荷载以及其他建在顶板上的构筑物、堆积物等荷载。

5）地下建筑顶板种植结构应符合规定：①顶板应为现浇防水混凝土，结构找坡坡度宜为1%~2%；当采用虹吸排水系统时，不需设置结构找坡层，自身可实现零坡度有组织排水；②顶板厚度不应小于250mm，最大裂缝宽度不应大于0.2mm，并不得贯通；③顶板的结构荷载设计应按现行国家标准《种植屋面工程技术规程》JGJ 155 的有关规定执行。

6）地下建筑顶板种植面积较大时，应设计蓄水装置；寒冷地区的设计，冬秋季时宜将种植土中的积水排出。

7）顶板面积大、放坡困难时，建议采用虹吸排水系统及雨水收集系统。

8）顶板为车道或硬铺地面时，应根据工程所在地区现行建筑节能标准进行绝热（保温）层的设计。绝热（保温）层应选用密度小、压缩强度大、吸水率低的绝热材料，不得选用散状绝热材料。

9）排（蓄）水层应根据渗水性、储水量、稳定性、抗生物性和碳酸盐含量等因素进行设计；排（蓄）水层应选用抗压强度大且耐久性好的塑料排水板、网状交织排水板或轻质陶粒等轻质材料，建议优先选用纯新料高密度聚乙烯高分子类凹凸型自粘土工布排（蓄）水板作为排水过滤层（抗压强度不低于400kPa），以满足抗压强度要求。

10）种植土层与植被层应符合现行国家标准《种植屋面工程技术规程》JGJ 155 的有关规定。

11）采用下沉式种植时，应设自流排水系统。

12）顶板采用反梁结构或坡度不足时，应设置渗排水管或采用陶粒、级配碎石等渗排水措施；如采用塑料板排水层，一般可不设保护层。

13）当种植土厚度大于2.0m时，可不设过滤层和排水层，但应保证排水通畅。

14）顶板若局部为停车场、消防车等需承受高荷载的场所时，则应根据计算确定排（蓄）水层材料的抗压强度，地下建筑顶板种植的排（蓄）水层材料其抗压强度应大于400kPa。

2. 地下建筑顶板种植构造层次

地下建筑顶板种植的基本构造层次包括自防水钢筋混凝土顶板、保温层、找坡层、找平层、普通防水层、耐根穿刺防水层、隔离层、刚性保护层、排（蓄）水层、过滤层、种植土层、绿色植被等（图4-18）。根据气候特点、地下室种植顶板形式、植物种类和设计要求，可增减地下建筑顶板种植的构造层次。

国家建筑标准设计图集《种植屋面建筑构造》14J206中列出的常用地下建筑顶板种植构造做法见表4-21，配套的防水层做法见表4-18。

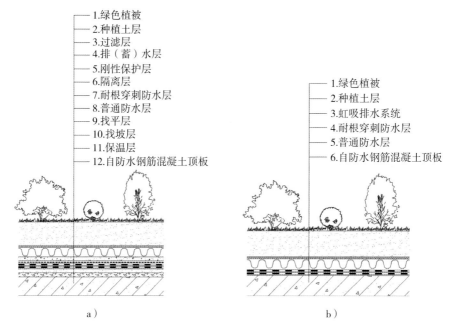

图4-18　地下建筑顶板种植基本构造层次

a）常规做法　　b）1万 m² 以上做法

注：1. 当种植土厚度大于2.0m时，可不设过滤层和排水层，但应保证排水通畅。

　　2. 面积较大（1万 m² 以上）的地下建筑顶板宜采用虹吸排水系统，可取消5、6、9、10构造层，实现零坡度有组织排水。

表4-21　常用地下建筑顶板种植构造做法

构造编号	简图	构造做法	备注
ZW1	无保温（隔热）层	（1）植被层 （2）300~1200mm厚种植土 （3）200g/m² 无纺布过滤层 （4）凹凸形排（蓄）水板 （5）70mm厚C20细石混凝土保护层 （6）隔离层 （7）耐根穿刺复合防水层 （8）找平层 （9）找坡层（1%~2%） （10）防水混凝土地下建筑顶板	（1）种植土厚度为300~600mm时，凹凸形排（蓄）水板厚度为20~30mm （2）种植土厚度为600~1200mm时，凹凸形排（蓄）水板厚度为30~40mm

（续）

构造编号	简图	构造做法	备注
ZW2	有保温（隔热）层	（1）植被层 （2）300~1200mm 厚种植土 （3）200g/m² 无纺布过滤层 （4）凹凸形排（蓄）水板 （5）70mm 厚 C20 细石混凝土保护层 （6）隔离层 （7）耐根穿刺复合防水层 （8）找平层 （9）找坡层（1%~2%） （10）保温层 （11）防水混凝土地下建筑顶板	（1）种植土厚度为 300~600mm 时，凹凸形排（蓄）水板厚度为 20~30mm （2）种植土厚度为 600~1200mm 时，凹凸形排（蓄）水板厚度为 30~40mm
ZW2-2	有保温（隔热）层	（1）植被层 （2）300~1200mm 厚种植土 （3）高密度聚乙烯防排水保护板（自粘土工布）+虹吸排水槽 （4）耐根穿刺复合防水层 （5）找平层 （6）保温层 （7）防水混凝土地下建筑顶板	
ZW3	无保温（隔热）层	（1）植被层 （2）900~2000mm 厚种植土 （3）100mm 厚洁净细砂 （4）200g/m² 无纺布过滤层 （5）网状交织排水板 （6）级配碎石或卵石或陶粒排水层 （7）70mm 厚 C20 细石混凝土保护层 （8）隔离层 （9）耐根穿刺复合防水层 （10）找平层 （11）找坡层（1%~2%） （12）防水混凝土地下建筑顶板	（1）种植土厚度为 900~1500mm 时，级配碎石或卵石或陶粒厚度为 100~300mm （2）种植土厚度为 1500~2000mm 时，级配碎石或卵石或陶粒厚度为 >300mm

（续）

构造编号	简图	构造做法	备注
ZW4	 有保温（隔热）层	（1）植被层 （2）900~2000mm 厚种植土 （3）100mm 厚洁净细砂 （4）200g/m² 无纺布过滤层 （5）网状交织排水板 （6）级配碎石或卵石或陶粒排水层 （7）70mm 厚 C20 细石混凝土保护层 （8）隔离层 （9）耐根穿刺复合防水层 （10）找平层 （11）找坡层（1%~2%） （12）保温层 （13）防水混凝土地下建筑顶板	（1）种植土厚度为 900~1500mm 时，级配碎石或卵石或陶粒厚度为 100~300mm （2）种植土厚度为 1500~2000mm 时，级配碎石或卵石或陶粒厚度为 > 300mm
ZW5	 深覆土无保温层	（1）植被层 （2）> 2000mm 厚种植土 （3）70mm 厚 C20 细石混凝土保护层 （4）隔离层 （5）耐根穿刺复合防水层 （6）找平层 （7）防水混凝土地下建筑顶板	种植土应分层设置。地表采用改良土或园林土，种植土应满足种植植物相应厚度需求，向下分别逐层铺设细砂、粗砂，保证排水通畅
ZW6	 隐蔽式消防车道	（1）植被层 （2）300mm 厚种植土 （3）200g/m² 无纺布过滤层 （4）网状交织排水板 （5）100~300mm 厚级配碎石或卵石或陶粒排水层 （6）200mm 厚 C25 混凝土配筋路面 （7）100mm 厚 C15 混凝土垫层 （8）回填土夯实，压实系数 > 0.93（回填厚度按工程设计） （9）70mm 厚 C20 细石混凝土保护层 （10）隔离层 （11）耐根穿刺复合防水层 （12）找平层 （13）找坡层（1%~2%） （14）保温层（按工程要求设置） （15）防水混凝土地下建筑顶板	（1）种植土厚度为 900~1500mm 时，级配碎石或卵石或陶粒厚度为 100~300mm （2）种植土厚度为 1500~2000mm 时，级配碎石或卵石或陶粒厚度为 > 300mm

（续）

构造编号	简图	构造做法	备注
ZW7	停车场绿化嵌草砖	（1）80mm 厚嵌草砖 （2）30mm 厚黄土粗砂垫层铺平 （3）150mm 厚碎石垫层碾压密实 （4）级配砂石碾压密实，压实系数>0.93 （5）70mm 厚 C20 细石混凝土保护层 （6）隔离层 （7）耐根穿刺复合防水层 （8）找平层 （9）找坡层（1%~2%） （10）保温层（按工程要求设置） （11）防水混凝土地下建筑顶板	级配砂石厚度按工程设计

3. 地下建筑顶板种植防水设计的要点

地下建筑顶板种植防水设计的要点如下：

1）地下建筑顶板种植防水设计应包含主体结构防水、管线、花池、排水沟、通风井和亭、台、架、柱等构配件的防水排水、泛水设计。

2）地下工程建筑顶板种植的防水等级应为 I 级，要求其不允许渗水、结构表面无湿渍。

3）耐根穿刺防水层应铺设在普通防水层上面，耐根穿刺防水层其表面应设置保护层，保护层应采用厚度不小于 70mm 的细石混凝土（当防水层上设置塑料排水板时，可以取消保护层），并应根据工程要求配筋，保护层与防水层之间应设置隔离层，隔离层的做法及材料见表 4-11。

4）防水层下不得埋设水平管线，垂直穿越的管线应预埋套管，套管超过种植土的高度应大于 250mm。

5）变形缝应作为种植分区边界，且变形缝应高于种植土，不得跨缝种植。

6）地下室种植顶板的泛水部位应采用现浇钢筋混凝土，泛水处防水层高出种植土应大于 250mm。

7）泛水部位、水落口及穿顶板管道四周宜设置 200~300mm 宽的卵石隔离带。

8）既有地下建筑顶板进行绿化改造前应进行验算，其设计应包含内容：①改造前必须检测鉴定结构安全性，应以结构鉴定报告作为设计依据，在安全运行的范围内进行。②顶板种植应根据原有结构体系合理布置绿化，确定景观布局和种植形式。③既有建筑顶板的防水层设计需要对原有防水层进行防水性能检测。耐根穿刺防水层上应设置防水保护层。④加设的绿化工程不得破坏原有的防水层及其保护层。

4.3 墙体绿化防水设计

在墙体绿化的防水问题上，由于植物需要大量的水分，同时植物进行光合作用会出现蒸腾效应，所以无论何种类型的墙体绿化，都会在一定程度上增加建筑墙面的湿度。墙体绿化工程一旦完工之后，如果墙体防水出现任何缺陷，补救将会是非常麻烦的事情。所以在墙体绿化中防水系统的设计就至关重要了。

不同的墙体绿化类型所涉及的防水处理方式也不尽相同。当种植系统与建筑墙壁之间存在足够大的空隙时，通常不需要施以额外的防水层，仅凭该间隙就可有效防止垂直绿化系统中的水与建筑物接触。同时间隙间的空气可以流通，也可以避免建筑墙体滋生霉菌。此外，一些建筑外墙材料本身也具有防水层，如厚实的预制混凝土墙体，或者有着多种极佳性能的海洋胶合板墙体。

4.3.1 牵引式墙体绿化

牵引式墙体绿化是利用特定植物的吸附、缠绕等特性使其在墙面上攀附；或在墙体前设置的网状物、拉索、栅栏或其他人工构件上，使植物缠绕其上生长的一种绿化形式（图 4-19）。

传统的牵引式墙体绿化模式是最有可能对建筑外立面防水造成破坏的。究其原因，其一是某些植物的根如爬山虎会分泌某些具有腐蚀作用的酸性物质；其二是一些植物（爬山虎、薜荔）的枝条下方

图 4-19 牵引式墙体绿化

会长出许多根系，这些根系一遇到缝隙就会深入其中，从而破坏建筑外墙的防水，以及引起墙壁的水泥表面剥落。所以为了避免在牵引式墙体绿化中建筑墙体受到植物根系的破坏，选择合适的牵引式墙体绿化类型，和提前根据现场情况做好墙体的防水措施都是非常重要的。

在以钢丝、网架等材料作为牵引媒介时，是否需要附加防水，需要取决于项目的具体情况，因为它们位于建筑围护结构之外，并非所有牵引式墙体绿化都需要对墙体进行防水处理。由于攀缘植物生长的随机性，牵引式墙体绿化需要全面考虑后期植物因随机生长可能导致的建筑安全风险，根据评估结果再进行防水方案的制定。此前，由于未做好楼板外延区域的防水措施，下层植物穿过楼板外延与铝饰面缝隙生长至上一层，由此可能产生装饰结构脱落等不良后果。

4.3.2　容器式墙体绿化

容器式墙体绿化是把种植容器（种植模块、种植槽、种植框等）垂直安装、固定在墙体结构或框架后进行植物栽植的绿化形式。容器可由各种材料制成。由于安装快捷、即刻成景，容器式墙体绿化无论在室内或是室外使用都具有一定优势（图 4-20）。

图 4-20　容器式墙体绿化

在容器式墙体绿化中，需要加强墙身的防潮防水功能。一般容器式墙体绿化的容器本身就已经拥有一定的防水功能。由于植物覆盖，湿度加大水分不容易散失，所以墙面要多加一层防潮层。通常的做法是使用防水容器，或是在墙面与容器或种植基质之间使用防水材料。墙体顶部要做好收头处理，如果容器与墙体有一定距离，上端部又没有储水设备或构造处理，那么墙身底部勒脚部分需着重做防水处理，同时，与地面的交接处也要做好防水排水处理。容器式墙体绿化还需做好绿化与门窗洞口等的交接处的处理。

下面以两种容器式墙体绿化系统为例，介绍墙体重点防水部分其模块与墙体连接的构造处理（图 4-21）。其垂直支架与水平支架均为不锈钢材料，墙体为混凝土墙。

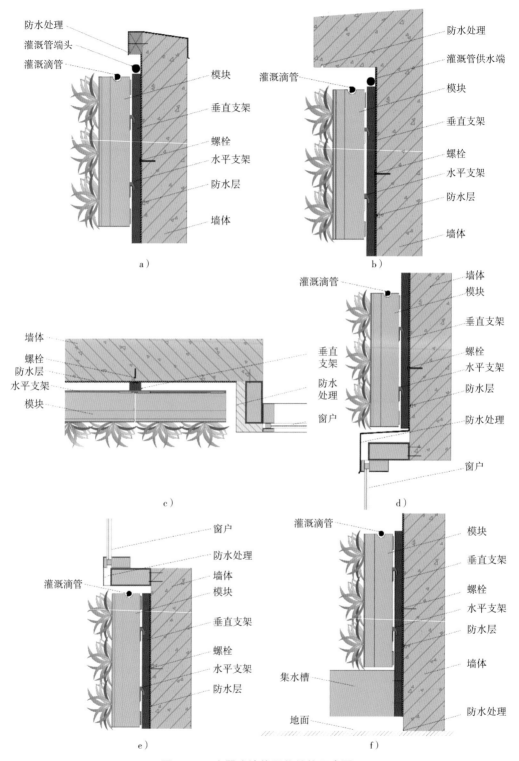

图 4-21　容器式墙体绿化结构示意图

a）顶部处理一　b）顶部处理二　c）窗口防水处理（平面图）　d）窗口防水处理（窗上沿剖面图）

e）窗口防水处理（窗下沿剖面图）　f）底部排水处理

4.3.3　铺贴式墙体绿化

铺贴式墙体绿化是指通过一定的构造处理，在立面上逐层构建出适合植物生存的条件，一般构造层次由内向外分别是：结构层、防水层、扎根层、种植层。结构层为整个种植系统提供支撑；防水层对墙体和结构层提供保护，同时作为扎根层的附着面；扎根层往往由一层或者多层具有吸水性的布、毯构成，用于导流灌溉水以及便于植物扎根；种植层可以在最外层布、毯的开口（布袋）处，也可以是固定于最外层硬质种植盒处，内部填充基质以固定植物，提供植物生长所需养分（图 4-22）。

图 4-22　铺贴式墙体绿化

铺贴式墙体绿化系统性往往比其他墙体绿化系统都更防水。但即便如此，通常仍建议在该绿化系统后，尤其是接缝处添加一层额外的防水屏障。

在铺贴式墙体绿化中种植毯是最简单也是最常用的一种。墙体承担种植毯、土壤以及植物的重量。目前市面上很多种植毯背后复合的防水层都具有防水阻根功能，可减少植物根系对墙体的破坏。通常会在种植毯中先填充基质再种植植物，这样具备吸水、透气、扎根功能的种植毯本身也能充当种植基质。

种植毯是铺贴式墙体绿化常用的层次（图 4-23）。如图 4-24 所示是另一种铺贴式墙体绿化结构，其营养液和植物的根填充在两层毛毡毯之间；塑料面板也同时具有防水和支撑功能，将其贴在金属支架上，使得空气可以在建筑和墙体绿化之间流动。

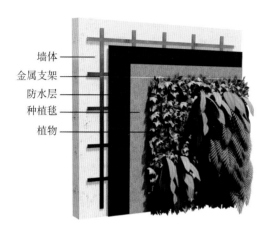

图 4-23　铺贴式墙体绿化结构示意图一

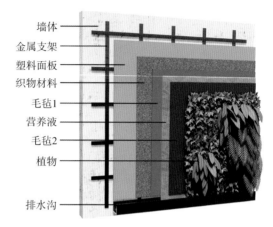

图 4-24　铺贴式墙体绿化结构示意图二

目前也有不需要单独设置金属龙骨来提供荷载支持的种植毯安装技术。种植毯可以与有防水和防根系刺穿层功能的墙体直接连接，而且能够承受墙体绿化的自重及外界环境如风、雨等所施加的作用力。且在其现场施工中不涉及龙骨安装和任何湿作业，从而可以节约大量的时间、物力和人力，有效降低造价。

对于自身防水层数不够，或者施工中有缺陷而不足以确保绿化之后的防水功能的墙体，需要在做墙体绿化之前额外添加防水隔离层以确保墙体的防水功能。额外的防水层可以使用涂刷防水膜的方法，也可以使用有机高分子膜作为防水层，如 PVC 板材。防水隔离层完成以后，就可以布置第一层的配方土和植物种植袋，种植袋可使用强力胶或者防水钉将其固定于防水层的上面，强力胶主要适用于因为材料或者构造而不可以被刺穿的墙体（图 4-25）。

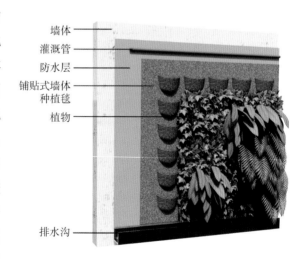

图 4-25　铺贴式墙体绿化结构示意图三

如图 4-26 所示的是另一种铺贴式墙体绿化结构的做法，其中基本的构造层次中多了一层高强度防水防植物根系刺穿膜。这一构造层在毡布种植系统中始终都是存在的，而且有 PVC 板材再次作为防水层，可以有效防止植物根系在生长中的刺穿作用。铺设高强度防水防植物根系刺穿膜除了可加强建筑墙体的防水功能外，还可以阻止某些植物根系生长时所产生的强有力的刺穿作用。墙体绿化中如果配置有生长强劲、根系发达的植物时，这个构造层就必不可少了。这类植物根系的破坏性极大，一旦刺穿了墙体绿化底层，会破坏墙体，同时更替修复绿化的底层是复杂和昂贵的。

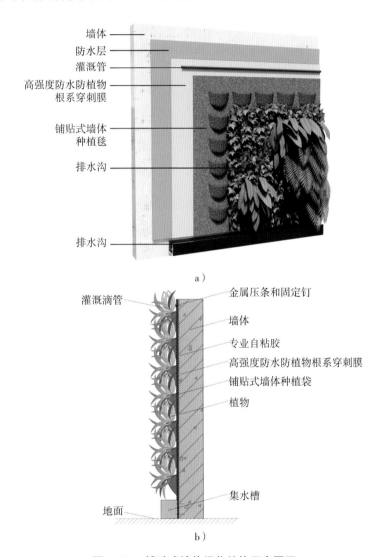

图 4-26　铺贴式墙体绿化结构示意图四

a）示意图　　　b）剖面图

第5章 建筑绿化防水施工

5.1 屋顶、阳（露）台、架空层绿化防水施工

5.1.1 卷材防水施工

种植屋面采用防水卷材作为防水层时，应符合下列规定：

1）卷材防水层基层的干燥程度应根据所选防水卷材的特性确定。

2）卷材防水层铺贴顺序和方向应符合下列规定：①卷材防水层施工时，应先进行细部构造处理，然后由屋面最低标高处向上铺贴；②檐沟、天沟卷材施工时，宜顺檐沟、天沟方向铺贴，搭接缝应顺流水方向；③卷材宜平行屋脊铺贴，上下层卷材不得相互垂直铺贴。

3）立面或大坡面铺贴卷材时，应采用满粘法，并宜减少卷材短边搭接。

4）采用基层处理剂时，其配制与施工应符合下列规定：①基层处理剂应与卷材相容；②基层处理剂应配比准确，并应搅拌均匀；③喷涂基层处理剂前，应先对屋面细部进行涂刷；④基层处理剂可选用喷涂或涂刷施工工艺，喷涂应均匀一致，干燥后应及时进行卷材施工。

5）卷材搭接缝应符合下列规定：①平行屋脊的搭接缝应顺流水方向，长短边搭接缝宽度均不应小于100mm；②同一层相邻两幅卷材短边搭接缝错开距离不应小于500mm；③上下层卷材长边搭接缝应错开，且不应小于幅宽的1/3；④叠层铺贴的各层卷材，在天沟与屋面的交接处，应采用叉接法搭接，搭接缝应错开；搭接缝宜留在屋面与天沟侧面，不宜留在沟底。

6）卷材防水层的施工环境温度应符合下列规定：①热熔法和焊接法不宜低于−10℃；②冷粘法和热粘法不宜低于5℃；③自粘法不宜低于10℃。

防水层施工前，确保基层坚实、干净、平整，无空鼓、起砂、裂纹、松动、孔隙和凹凸不平等现象；应在阴阳角、变形缝等细部构造部位设防水增强层，增强层材料应与大面积防水层的材料同质或相容；不同类型防水卷材搭接宽度不同，弹性体改性沥青防

水卷材搭接宽度为 100mm；自粘聚合物改性沥青防水卷材、湿铺防水卷材搭接宽度为 80mm；三元乙丙橡胶防水卷材采用胶黏剂搭接时宽度为 100mm，采用胶黏带搭接时宽度为 60mm；聚乙烯丙纶复合防水卷材采用黏结料搭接时宽度为 100mm（表 5-1）。

表 5-1　防水卷材搭接宽度

卷材类型	搭接宽度 / mm
弹性体改性沥青防水卷材	100
自粘聚合物改性沥青防水卷材	80
湿铺防水卷材	80
三元乙丙橡胶防水卷材	100（胶黏剂）/ 60（胶黏带）
聚乙烯丙纶复合防水卷材	100（黏结料）

1. SBS 改性沥青防水卷材

SBS 改性沥青防水卷材热熔法施工如图 5-1 所示，其环境温度不应低于 -10℃。铺贴卷材时应平整顺直，不得扭曲，长边和短边的搭接宽度均不应小于 100mm；火焰加热应均匀，并以卷材表面沥青熔融至光亮黑色为宜，不能欠火或过分加热卷材；卷材表面热熔后应立即滚铺，在滚铺时应立即排除卷材下面的空气，并辊压粘贴牢固；卷材搭接缝部位应以有热熔的改性沥青溢出为宜，溢出的改性沥青胶结料宽度宜为 8mm，并均匀顺直 SBS 改性沥青防水卷材采用条粘法施工时，每幅卷材与基层黏结面不应少于两条，每条宽度不应小于 150mm。

图 5-1　SBS 改性沥青防水卷材热熔法施工

SBS 改性沥青防水卷材施工要点如下：

1）热熔法铺贴卷材工艺流程：基层清理→基层干燥程度检验→涂刷基层处理剂→细部附加层施工→定位、弹线、试铺→调试火焰加热器→对卷材表面加热至卷材表面熔融→随即滚铺卷材→辊压、排气、压实→刮挤出胶→接缝口、末端收头处理→节点密封→检查、修整→保护层施工→验收。

2）若卷材防水层基层平整度较差或起粉起砂时，必须进行剔除并修补平整；基层要求干燥，含水率应在 9% 以内；施工前要清扫干净基层；阴角部位应用水泥砂浆抹成八字形或圆角。

3）基层处理剂涂刷应均匀、不漏刷或露底，基层处理剂涂刷完毕并达到规定的干燥程度后才可进行热熔施工，以避免失火。

4）对阴阳角、管根、排水口、变形缝以及其他易渗漏的细部节点均应做附加增强处理，附加层要求无空鼓，并压实铺牢，附加层宽度应为500mm。

5）为保证卷材搭接宽度，以及使防水层平整、顺直不出现扭曲、褶皱，应在卷材施工前进行定位、弹线并进行试铺。

6）卷材试铺完成后将卷材回卷，点燃喷灯（喷灯距卷材0.3mm左右），用喷灯往复移动加热卷材和基层，加热要均匀，不得将火焰长时间停留在一处，待卷材表面熔化后，随即向前滚铺。

7）卷材搭接缝及复杂部位应受到均匀、全面地烘烤，以保证搭接处卷材间的沥青密实熔合，且有熔融沥青从边端挤出，沿边端封严，以保证接缝的密闭防水功能。

8）立面防水层收口时应采用镀锌压条进行固定并采用相容的密封材料密封严密，收口高度应高出种植土250mm。立面防水层收口方式如图5-2所示。

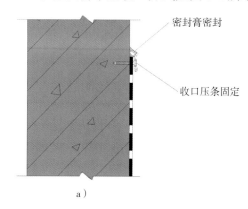

a）

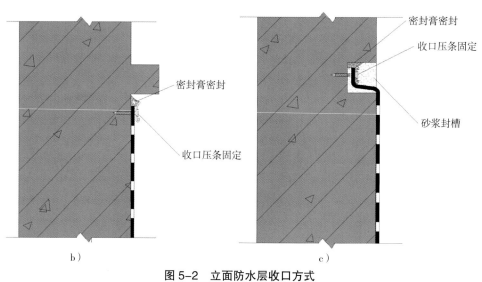

b）   c）

图5-2 立面防水层收口方式

a）平立面收口   b）凸檐收口   c）凹檐收口

9）双层做法施工工艺和单层做法施工工艺基本相同，但在铺贴第二层时上下两层卷材接缝应错开，错缝宽度不应小于幅宽的 1/3。

10）细部节点处理。铺贴卷材前需先将捆绑卷材用的隔离纸撕掉。

阴阳角应按照表 5-2~ 表 5-5 进行阴阳角裁样，然后热熔铺贴附加层防水卷材，并用压辊压实。

①下部阳角裁样见表 5-2。

表 5-2　下部阳角裁样

步骤	操作示意
将卷材裁出一个三角形，先热熔铺贴在阳角的一边	
将另一块卷材裁剪好，贴着阳角线进行热熔铺贴	
裁一个"8"字形的卷材，将阳角的平立面转角点盖住	

②上部阳角裁样见表 5-3。

表 5-3　上部阳角裁样

步骤	操作示意
将卷材切开一小部分	
将切开的卷材按照阳角的部位热熔搭接	
裁一小块圆形的卷材，将拐角点盖住	

③下部阴角裁样见表 5-4。

表 5-4　下部阴角裁样

步骤	操作示意
将卷材切开一小部分	

（续）

步骤	操作示意
将切开的卷材按照阴角的部位热熔搭接	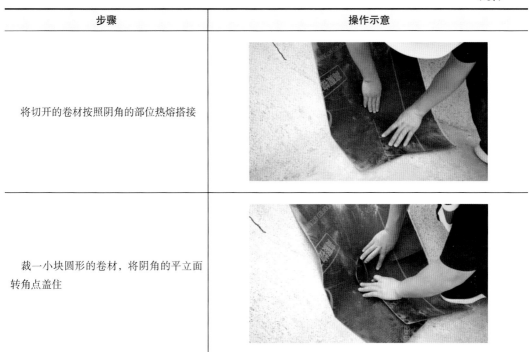
裁一小块圆形的卷材，将阴角的平立面转角点盖住	

④上部阴角裁样见表 5-5。

表 5-5　上部阴角裁样

步骤	操作示意
将卷材切开一小部分热熔铺贴	
裁一块大小合适的卷材覆盖露出的基面	

（续）

步骤	操作示意
或裁一块扇形卷材覆盖露出的基面	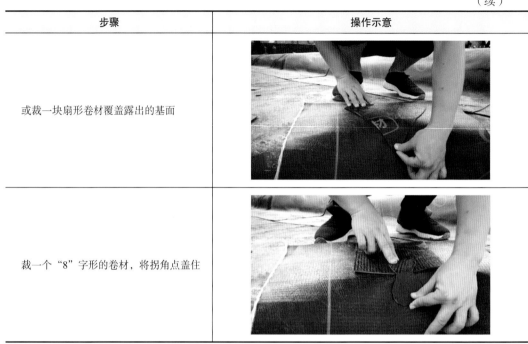
裁一个"8"字形的卷材，将拐角点盖住	

⑤平立面转角。先弹线定位确定附加层的铺贴位置，附加层宽度宜为 300~500mm，在平立面转角部位用 SBS 改性沥青防水卷材热熔铺贴在基面上，并用压辊压实。

11）卷材预铺。按照已经弹好的基准线位置将成卷卷材铺开，带字面 / 砂面 / 页岩面朝上，需保证搭接尺寸正确，不得扭曲，卷材应力释放后（约半小时）进行回卷。

12）热熔铺贴 SBS 改性沥青防水卷材。在处理好的基层表面，按照所选卷材的宽度，留出搭接缝尺寸（长短边均为 100mm），按基准线进行卷材铺贴施工，铺贴后卷材应平整、顺直，搭接尺寸正确，不得扭曲。采取热熔法满粘黏结，卷材进行热熔铺贴时，将起始端卷材黏结牢固后，持火焰加热器对着待铺的整卷卷材，使喷灯嘴距卷材及基层加热处 0.3~0.5m 时做往复移动来回烘烤（不得将火焰停在一处，使直火烧烤时间过长，否则易出现胎基外露或胎体与改性沥青基料瞬间分离的现象），应加热均匀，不得过分加热或烧穿卷材。至卷材面胶层呈黑色光泽并伴有微泡（不得出现大量气泡），及时推滚卷材进行粘铺，后随一人实施排气压实工序。

13）卷材搭接边处理。铺贴双层卷材时，上下两层和相邻两幅卷材的接缝应错开1/3~1/2 幅宽，且两层卷材不得相互垂直铺贴；同一层相邻两幅卷材短边搭接缝错开不应小于 500mm；短边 T 形搭接口处，中间的卷材应削出一小块三角形，用以加强卷材间的黏结；用喷枪充分烘烤搭接边上层卷材底面和下层卷材上表面沥青涂盖层（若卷材上表面带砂 / 矿物粒料，需做沉砂处理，待搭接部位有熔融沥青析出方可搭接），搭接处卷材间的沥青需保证密实熔合，且有熔融沥青从边端挤出形成宽度约 8mm 的匀质沥青条（图 5-3）。

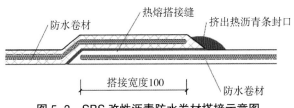

图 5-3　SBS 改性沥青防水卷材搭接示意图

14）组织验收。铺贴时边铺边检查，检查时用螺钉旋具检查接口，发现熔焊不实之处应及时修补，不得留任何隐患，现场施工员、质检员必须跟班检查，检查合格后方可进入下一道工序施工，特别要注意平立面交接处、转角处、阴阳角部位的做法是否正确。

15）施工注意事项。产品使用过程中应使用液化气、乙醇为燃料或电加热进行焊接；改性沥青类防水卷材使用热熔法施工时材料表面温度不宜高于 200℃；非外露产品建议施工完成后，一周内打保护层。

2. 高分子防水卷材

耐根穿刺防水层的高分子防水卷材与普通防水层的高分子防水卷材复合时，应采用冷粘法施工。合成高分子防水卷材施工工艺分为冷粘法施工、机械固定法施工、空铺法施工。

1）合成高分子防水卷材冷粘法施工工艺：

①工艺流程：基层处理→大面涂刷专用胶黏剂→铺贴卷材→热风焊接→细部处理和收口处理→检查验收。

②施工时用刮板或胶辊将胶黏剂涂刷在卷材和黏结基层上，根据环境温度，分段涂刷，并进行晾胶。

③施工时，对于应力集中易开裂的部位，宜选用空铺、点粘、条粘或机械固定等施工方法。

④施工时在坡度较大和垂直面上粘贴防水卷材时，宜先采用机械固定法固定卷材，固定点应密封。

⑤平面加强部位宜采用 U 形压条及螺钉固定，并在 U 形压条的外边缘用焊绳将收口部位焊实（图 5-4）。

图 5-4　U 形压条

⑥女儿墙泛水卷材宜铺设至外墙顶部边沿，也可设置泛水，高度不小于250mm，并用专用收口压条压实、密封胶密封。

2）合成高分子防水卷材机械固定法施工工艺：

①施工流程：基层处理→防水层铺设→防水层机械固定→热风焊接→细部处理和收口处理→检查验收。

②螺钉嵌入混凝土基础的有效深度不应小于30mm；当基层为木板时，嵌入木板的有效深度不应小于25mm；当基础为金属屋面板时，穿出金属屋面板的有效长度不应小于20mm。

③机械固定法施工可采用点式固定、线性固定等方式，固定应采用专用固定件，点式固定卷材纵向搭接宽度为120mm，其中有50mm长度的范围用于覆盖固定件（金属垫片和螺钉），线性固定卷材纵向搭接宽度为80mm。

④按照设计间距，在压型钢板屋面上，用电动螺钉旋具直接将固定件旋进；在混凝土结构层屋面上，先用电锤钻孔（钻头直径为5.0mm/5.5mm），钻孔深度比螺钉深度深25mm，然后用电动螺钉旋具将固定件旋进，以后循环操作即可。

⑤平面加强部位宜采用U形压条及螺钉固定，并在U形压条的外边缘用焊绳将收口部位焊实。

⑥女儿墙泛水卷材宜铺设至外墙顶部边沿，也可设置泛水，高度不小于250mm，并用专用收口压条压实、密封胶密封。

3）合成高分子防水卷材空铺法施工：

①工艺流程：基层处理→空铺防水卷材→热风焊接→细部处理和收口处理→检查验收。

②平面加强部位宜采用U形压条及螺钉固定，并在U形压条的外边缘用焊绳将收口部位焊实。

③女儿墙泛水卷材宜铺设至外墙顶部边沿，也可设置泛水，高度不小于250mm，并用专用收口压条压实、密封胶密封。

④压铺层铺设前，防水层上应设置保护层，保护层可空铺在防水层上，搭接宽度不应小于80mm，并应完全覆盖防水层。

4）高分子防水卷材热风焊接搭接边工艺分为自动焊接和手动焊接。

①自动焊接采用焊接机焊接，主要应用于大面积的卷材焊接，其工艺流程为：调整卷材搭接宽度→设置焊接参数→预热焊机→焊接→焊缝检查；自动焊接的搭接宽度一般为80mm；在机械固定系统中，要覆盖固定件时，搭接宽度为120mm。

②手动焊接采用手持焊枪焊接，主要应用于细部卷材焊接，其工艺流程为：调整卷材搭接宽度→设置焊接参数→预热焊枪→点焊→预焊→终焊→焊缝检查。

a.点焊（图5-5a）。在搭接部位进行焊接之前，先采取点焊的方式固定卷材的搭接缝，以防止卷材移动。用于机械固定的搭接部位，搭接宽度为 120mm。

b. 预焊（图 5-5b）。焊接搭接部分后部使用 40mm 焊嘴时留出 35mm 的开口；使用 20mm 焊嘴时留出 20 mm 的开口，以备进行最后焊接，预焊时压辊和焊嘴应平行。

c. 终焊（图 5-5c）。在进行此步骤时，压辊应沿焊嘴排气口平行的方向在距焊嘴 30 mm 处平行移动。压辊应始终充分压在结合面上。

a）　　　　　　　　　　b）　　　　　　　　　　c）

图 5-5　点焊、预焊、终焊

a）点焊　b）预焊　c）终焊

5）合成高分子防水卷材施工要点：

①对热塑性卷材的搭接缝宜采用单焊缝或双焊缝，焊接应严密。

②焊接前，卷材应铺放平整、顺直，搭接尺寸准确，焊接缝的结合面应保持干燥并清扫干净。

③应先焊长边搭接缝，后焊短边搭接缝。

④应控制加热温度和时间，焊接缝不得漏焊、跳焊和焊接不牢。

⑤采用空铺法铺贴防水卷材时，防水层与基层应仅在周边 800mm 宽度范围内满粘，其余部分均不黏结。

⑥采用冷粘法施工时，基层胶黏剂应涂刷在基层及卷材底面，涂刷均匀、不露底、不堆积；铺贴卷材应顺直，不得皱折、扭曲、拉伸卷材；应辊压排除卷材下的空气，粘贴牢固；卷材长边和短边的搭接宽度均不应小于 100mm；冷粘法施工环境温度不应低于 5℃。

⑦卷材的搭接口应满粘牢固，不翘边、不皱折，相邻两幅卷材的搭接缝应错开不少于 30mm 的距离。

⑧卷材防水层收头应用钢钉和压条固定，并用密封材料封严。卷材防水层的搭接宽度应符合相关要求。

3. 自粘耐根穿刺防水卷材

自粘耐根穿刺防水卷材宜采用自粘法，如图 5-6 所示。铺贴卷材施工时应将自粘胶底面的隔离膜完全撕净；卷材施工完成后应采用辊压工艺排除卷材下面的空气，粘贴牢固；卷材铺贴时应平整顺直，搭接尺寸应准确，不得扭曲、褶皱；低温施工时，立面、大坡面及搭接部位宜采用热风机加热，加热后应随即粘贴牢固；搭接缝口应采用材性相容的密封材料封严；当自粘耐根穿刺防水卷材与水乳型或水泥基类防水涂料复合使用时，应待涂膜实干后再采用自粘法铺贴卷材。

图 5-6　双层自粘耐根穿刺防水卷材自粘法施工

自粘耐根穿刺防水卷材施工要点如下：

1）自粘法铺贴自粘耐根穿刺防水卷材工艺流程：基层清理→基层干燥程度检验→涂基层处理剂→细部附加层施工→定位、弹线、试铺（第二道自粘耐根穿刺防水层施工时无须前面工序）→揭去卷材底面隔离层→随即铺贴卷材→辊压、排气、压实→粘贴接缝口→辊压接缝、排气、压实→接缝口、末端收头、节点密封→检查、修整→验收→保护层施工。

2）自粘耐根穿刺防水卷材采用自粘法铺贴时，要检查基层质量，基层坚实、平整、干燥、无杂物，方可进行防水施工。

3）防水层大面积施工前，应对阴阳角、管根、变形缝、后浇带、施工缝等细部节点处进行加强处理，加强层与基层应黏结紧密，附加层所用材料应与大面积防水层材料同质或相容，附加层宽度为 500mm。

4）根据施工现场情况，进行合理定位，确定卷材铺贴方向，在基层上弹好卷材控制线，试铺时应由低向高，保证卷材搭接缝顺着流水方向。

5）采用自粘法铺贴卷材时，基层表面应均匀涂刷基层处理剂，干燥后及时铺贴卷材。双层自粘卷材或自粘耐根穿刺防水层与水乳型、水泥基类防水涂料复合施工时无须涂刷基层处理剂。

6）卷材铺贴时用裁纸刀将隔离膜轻轻划开，注意不要划伤卷材，将隔离膜从卷材背面缓缓撕开，同时将卷材沿基准线慢慢向前推铺；卷材粘贴时，卷材不得用力拉伸，卷材铺贴应平整顺直，不得出现扭曲、褶皱；低温施工时，可采用热风机将自粘胶料加热，待自粘胶料恢复自粘性能后粘贴；卷材施工完成后，随即用压辊辊压，排出空气，使卷材牢固粘贴在基层上。

7）卷材接缝口、末端收头、节点部位应用材性相容的密封材料封严。

8）立面防水层收口时应采用镀锌压条进行固定，并采用相容的密封材料密封严密，收口高度应高出种植土 250mm，立面防水层收口方式如图 5-2 所示。

9）干铺法施工流程：基层清理→涂刷/喷涂基层处理剂→弹线定位→细部节点处理→卷材预铺→铺设自粘类耐根穿刺防水卷材→卷材接缝搭接→固定、压边→组织验收。

10）湿铺法施工流程：基层清理→弹线定位→细部节点处理→卷材预铺→配制水泥素浆或水泥砂浆→铺设自粘类耐根穿刺防水卷材（边涂刮水泥素浆或水泥砂浆边铺贴防水卷材）→卷材接缝搭接→固定、压边→组织验收。

11）水泥砂浆的配比为水:水泥:中砂=2:5:（9~10）（重量比）；砂浆稠度控制在50~70mm 之间，并且不离析，不泌水，和易性良好；水泥素浆，水与水泥的体积比约为1:2（可根据实际情况调整）；用电动搅拌器在专用的搅拌桶中进行搅拌，搅拌时应先将水倒入搅拌桶中，然后再倒入水泥粉料，要求边搅拌边加入水泥粉料，水泥浆应搅拌均匀，无水泥颗粒，并且具有流动性。湿铺法适应于基层已经做找平层、平整度满足规范要求的防水工程。

12）基层应坚实平整，无空鼓、起砂、裂纹、松动和凹凸不平，基层应干燥；屋面找平层应做成圆弧形，圆弧半径为50mm。干铺工艺施工时，要求含水率≤9%；湿铺工艺施工时，对原有基层含水率无要求，但不得有明水。当基面干燥发白时，应在铺抹水泥素浆或水泥砂浆黏结层前用淋水的方法充分湿润，防止在铺贴卷材时，基层吸收黏结层的水分导致影响黏结层的性能。

13）干铺法基层清理后，涂刷/喷涂专用基层处理剂。用毛刷/辊筒/喷涂设备对细部、周边和拐角部位先行涂刷/喷涂，再将专用基层处理剂均匀涂刷/喷涂在大面基层上，以均匀覆盖基层不露底、不堆积为宜（涂布量一般为 0.20~0.30kg/m²，可按照实际施工条件进行调整）。专用基层处理剂涂刷/喷涂完毕，达到规定的干燥程度（一般不黏手为准）后，方可进行卷材施工。涂刷/喷涂专用基层处理剂后的基层应尽快铺贴卷材，以免受到二次灰尘污染。专用基层处理剂若施工后遇到下雨，需及时清理积水，待基层干燥后才能进行卷材施工，若因下雨冲刷破坏了已经覆上专用基层处理剂的基层，则需将积水清理完后，待基层干燥后，对冲刷坏的部位进行重新修补。专用基层处理剂施工后不能被踩踏，未干燥的基面上不能被堆放杂物和材料，下道工序不能进行施工，现场必须拉警示线和设置醒目标牌进行提示。

14）弹线定位（干铺法涂刷/喷涂基层处理剂后的工艺，湿铺法基层清理后的工艺）。铺贴卷材前先用钢卷尺确定卷材铺贴位置，并用弹线器弹线定位。

15）细部节点处理。如图 5-7 所示进行阴阳角裁样，边撕开卷材下表面隔离膜边铺贴卷材，并用压辊压实；平立面转角，先弹线定位确定附加层的铺贴位置，附加层宽度宜为 300~500mm，在平立面转角部位用自粘类防水卷材铺贴在基面上，铺贴时自粘层面朝基层，边撕开卷材下表面隔离膜边铺贴附加层卷材，并用压辊压实。

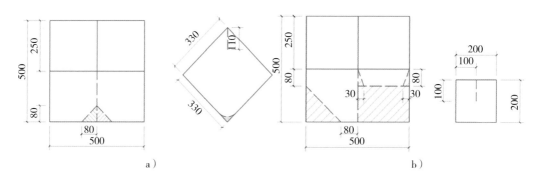

图 5-7　阴阳角裁样

a）阳角裁样　b）阴角裁样

16）卷材预铺。按照已经弹好的基准线位置将成卷卷材的自粘面朝下，需保证搭接尺寸正确，不得扭曲，卷材应力释放后进行回卷。

干铺法直接铺设自粘类防水卷材，湿铺法在配制水泥素浆或水泥砂浆后，边涂刮水泥素浆或水泥砂浆边铺贴防水卷材。

17）短边搭接。首先将卷材末端固定好，短边搭接处预留 80mm，先用裁纸刀轻轻划开，将隔离膜揭起，并与下层卷材的短边搭接边进行黏结（若采用双面卷材，则下面的卷材短边搭接处需撕开 80mm 宽的隔离膜与上层短边搭接边进行黏结）。

将大面卷材隔离膜用裁纸刀轻轻划开，将隔离膜揭起，隔离膜与卷材呈 30°为宜，然后进行卷材自粘铺贴，铺贴卷材的同时，另一工人用压辊从垂直卷材长边一侧向另一侧辊压排气，使卷材与基层黏结牢固，辊压后的卷材表面尽量不要被踩踏，直至第一幅卷材铺贴完成。

第二幅卷材铺贴时，先将卷材预铺，并与第一幅卷材的搭接指导线重合，保证搭接宽度不小于 80mm，施工方法与第一幅卷材施工相同。同一层相邻两幅卷材短边搭接缝错开不应小于 500mm。（铺贴双层卷材防水层时，上下两层卷材的接缝应错开 1/3~1/2 幅宽，且两层卷材不得相互垂直铺贴。）

短边 T 形搭接口处，中间的卷材应削出一小块三角形，用以加强卷材间的黏结。卷材在立面的收头尺寸应至少高于面层 250mm，端头部位用金属压条进行固定并用密封材料进行封闭。卷材接缝搭接，在长边搭接重合部位，第二幅卷材下部与第一幅卷材的搭接区域都有单独的隔离膜隔开，这时将两幅卷材搭接重叠区域的隔离膜同时揭去，并且将搭接边自粘胶贴合在一起，用小压辊重点辊压搭接重叠区域，挤出搭接边的空气，紧密压实黏牢，长边搭接宽度不小于 80mm。

18）固定、压边。搭接缝必须施加一定压力方能获得良好的密实黏结效果。为此，可先采用手持压辊，施加一定的压力对搭接边进行均匀的压实，再采用压辊对搭接带边缘进行二次条形压实。再之后，进行组织验收。

19）施工注意事项。干铺工艺施工时，基层含水率要小于 9%，才能涂刷基层处理剂；基层处理剂表干后方可铺贴卷材。湿铺工艺施工时，应在水泥素浆或水泥砂浆初凝前铺贴防水卷材；卷材铺贴后必须采用压辊压实，排出卷材与黏结层之间的气体，使卷材与黏结料紧密粘贴；搭接部位的隔离膜应在卷材大面铺贴完成后再撕开，防止污染搭接边，影响搭接效果。

5.1.2　涂料防水施工

非固化橡胶沥青防水涂料如图 5-8 和图 5-9 所示。它是一种在应用状态下始终保持黏性膏状体的新型防水材料，其具有独特的蠕变性、自愈性能和超强的黏结性能，能封闭基层裂缝和毛细孔，可解决因基层开裂应力传递给防水层造成的防水层断裂、疲劳破坏或处于高应力状态下的提前老化问题；同时，蠕变性材料的黏滞性使其能够完全封闭基层的毛细孔和裂缝，解决防水层的窜水难题，使防水可靠性得到大幅度提高，此外还能解决现有改性沥青防水卷材和防水涂料复合使用时的相容性问题。近些年，非固化橡胶沥青防水涂料被市场接受并广泛应用，在国内外众多的工程中取得了良好的应用效果。

图 5-8　非固化橡胶沥青防水涂料一

图 5-9　非固化橡胶沥青防水涂料二

1. 施工流程

非固化橡胶沥青防水涂料的施工流程：基层清理→基面打磨处理→熔胶→节点及附加层处理→边喷涂或刮涂非固化橡胶沥青防水涂料边铺贴防水卷材→防水层自检→验收。

基层表面应坚实、平整、干净、无油污、裂缝、空洞、空鼓、松动、起砂、起皮等缺陷；基层的立面与平面交接部位应做成圆弧形，阴角最小半径为 50mm；屋面或地下室顶板必须满足设计要求的排水坡度。

1）基面打磨处理。非固化橡胶沥青涂料依靠自身的黏结性能，就可实现与基面的黏结，毛糙的基面有利于增大涂料和基面的黏结面积，增强涂料对基面的附着力。

2）熔胶。非固化橡胶沥青防水涂料分为喷涂料和刮涂料两种使用状态。喷涂料加热温度为 180℃左右，刮涂料加热温度为 220℃左右。

3）节点及附加层处理。阴阳角和平立面转角采用一布三涂的方式进行加强处理，附加层在平面和立面的宽度为 150~250mm；在管根处应增设涂料附加层（内置无纺布加强处理，采用一布三涂做法），平面和立面宽度为 150~250mm；水落口，在管根处应增设涂料附加层（内置无纺布加强处理，采用一布三涂做法），管内伸入 5cm，水落口周围 15cm。

4）边喷涂或刮涂非固化橡胶沥青防水涂料边铺贴防水卷材。要求铺贴顺直、平整、无褶皱。卷材搭接宽度为 80（自粘搭接）~100mm（热熔搭接），自粘卷材搭接部位采用自粘搭接方式，热熔卷材大面自粘，搭接边热熔施工。

5）辊压。用压辊以均匀的压力充分地辊压搭接处，以确保卷材之间完全黏结，形成整体密封和连续的效果。

6）修补卷材。检查卷材防水层，发现防水层存在破损时，应采取措施及时进行修补，即将破损处卷材清理干净，取周边大于破损处 100 mm 的防水卷材粘牢，再用密封膏沿周边密封。再之后，组织验收。

2. 施工要点

1）屋面基层应坚实、平整，无起砂和裂缝，施工前应用专用工具将基层浮浆及尘土杂物清理干净。

2）细部附加层的施工应符合下列规定：①施工时应先确定附加层的部位，阴阳角以及管道周边附加层的宽度不应小于 250mm；②在水落口、出屋面的管道、阴阳角、天沟等部位应铺设附加层；③施工时应均匀刮涂非固化橡胶沥青防水涂料，其厚度不应小于 2.0mm，并应在涂层内夹铺胎体增强材料或在涂层表面铺设覆面增强材料（图 5-10）。

图 5-10　非固化橡胶沥青防水涂料附加层

3）非固化橡胶沥青防水涂料宜采用刮涂法或喷涂法施工。

4）刮涂法施工时，应将涂料放入专用设备中进行加热，把加热熔融的涂料注入施工桶中，在平面施工时宜将涂料倒在基面上，用齿状刮板涂刮，刮涂时应一次形成规定厚度，每次刮涂的宽度应比粘铺的卷材或保护隔离材料宽 10mm 左右。

5）喷涂法施工时，将涂料加热达到预定温度后，起动专用的喷涂设备，检查喷枪、喷嘴运行是否正常。开启喷枪进行试喷，达到正常状态后，进行大面积喷涂施工，同层涂膜的先后搭压宽度宜为 30~50mm。调整喷嘴与基面的距离及喷涂设备压力，使喷涂的涂层厚薄均匀，每一喷涂作业面的幅宽应大于卷材或保护隔离材料宽 10mm 左右。

6）耐根穿刺防水卷材层的施工应根据施工的气温和非固化橡胶沥青防水涂料与复合用耐根穿刺防水卷材的特点，选择卷材铺设的时间和铺贴方法。

7）自粘耐根穿刺防水卷材的搭接缝应采用冷粘法施工，施工时，应将搭接部位自粘卷材的隔离膜撕去，即可直接黏合，并用压辊辊压粘牢封严。自粘卷材的搭接宽度不应小于 80mm（图 5-11）。

图 5-11   非固化橡胶沥青防水涂料复合自粘耐根穿刺防水卷材施工

8）高聚物改性沥青耐根穿刺防水卷材的搭接缝宜采用热熔法施工，施工时，应用加热器加热卷材搭接缝部位的上下层卷材，待卷材表面开始熔融时，即可粘合搭接缝，并使接缝边缘有热熔的沥青胶溢出。高聚物改性沥青耐根穿刺防水卷材的搭接宽度不应小于 100mm（图 5-12）。

图 5-12   非固化橡胶沥青防水涂料复合耐根穿刺防水卷材搭接边热熔施工

9）每一幅宽的涂层完成后，随即粘铺卷材，卷材铺贴应由低到高，搭接缝应顺着流水方向，其搭接宽度应符合现行相关规范要求。铺贴的卷材应顺直、平整、无褶皱。卷材铺贴时应排除卷材下表面的空气，并应辊压粘贴牢固（图 5-13）。

图 5-13　防水层辊压、排气

10）卷材防水层施工完成后，搭接缝口应采用非固化橡胶沥青防水涂料密封严密（图 5-14）。

图 5-14　搭接缝外密封

11）立面防水层收口时应采用镀锌压条进行固定并采用相容的密封材料密封严密，收口高度应高出种植土 250mm（图 5-15）。

图 5-15　立面防水层压条固定、收口

12）复合防水层施工完成经验收合格后，应及时施工保护层。用水泥砂浆或细石混凝土等做保护层时，保护层与复合防水层之间应设置塑料膜、聚酯无纺布和卷材等做隔离层（图 5-16）。

图 5-16　复合防水层大面施工完成

3. 应注意的问题

非固化橡胶沥青防水涂料复合耐根穿刺卷材防水层时，应注意以下方面：

1）非固化橡胶沥青防水涂料的最小厚度应为 2.0mm。

2）非固化橡胶沥青防水涂料不得外露使用，与耐根穿刺防水卷材复合使用时，应在防水层与刚性保护层之间设置隔离层。

3）与非固化橡胶沥青防水涂料复合的耐根穿刺防水卷材应具有相容性，如高聚物改性沥青防水卷材、自粘耐根穿刺防水卷材。

4）穿出地下室种植顶板、种植屋面的管道、设施和预埋件等，应在防水层施工前安装牢固。

5）防水层的基层应充分养护，并做到表面坚固、平整、干净，无起皮、起砂等现象，基层宜干燥。

6）雨天、雪天不得施工，四级大风以上时不宜施工。

7）施工环境温度宜为 5~35℃，不宜在温度低于 –10℃ 或高于 35℃ 的环境下或烈日曝晒下施工。

8）非固化橡胶沥青防水涂料加热和喷涂作业的人员应经过专业培训，主要操作人员必须持证上岗。

9）非固化橡胶沥青防水涂料应采用专用设备加热，加热温度不应高于 200℃。

10）防水层完成后，应采取成品保护措施，不得在防水层上凿孔、打洞或利用器划伤或重物撞击。

5.1.3 刚性防水施工

刚性防水施工时基层表面应平整、坚实、清洁，并应充分湿润、无明水，基层表面的孔洞、缝隙，应采用与防水层材质相同的防水砂浆堵塞并抹平。

施工前应将预埋件、穿墙管预留凹槽内嵌填密封材料后，再施工水泥砂浆防水层；防水砂浆的配合比和施工方法应符合所掺材料的规定。

水泥砂浆防水层应分层铺抹或喷射，铺抹时应压实、抹平，最后一层表面应提浆压光；聚合物水泥防水砂浆拌和后应在规定时间内用完，施工中不得任意加水；水泥砂浆防水层各层应紧密黏合，每层宜连续施工；必须留设施工缝时，气温不应低于 5℃。夏季不宜在温度高于 30℃ 的环境下或烈日照射下施工。

水泥砂浆防水层终凝后，应及时进行养护，养护温度不宜低于 5℃，并应保持砂浆表面湿润，养护时间不得少于 14d。聚合物水泥防水砂浆未达到硬化状态时，不得浇水养护或接受雨水冲刷，硬化后应采用干湿交替的养护方法。潮湿环境中，可在自然养护条件下进行养护。

5.2 墙体绿化防水施工

5.2.1 板材防水施工

板材防水广泛应用于各类墙体绿化中，尤其在铺贴式墙体绿化最为常见。

毡布种植系统的核心构件是金属构架、防水板材（微发泡 PVC 板、PP 板等）、无纺布（毡布）、滴灌、微灌和排水系统。该系统将植物栽植于口袋状的无纺布（毡布）基上，通过金属龙骨与建筑墙体连接，利用滴灌技术提供植物生长所需的水分和营养液。无纺布（毡布）疏松的质地可使滴灌的液体扩散并让植物根系有生长的空间。

墙体绿化板材防水结构的具体做法：首先，在建筑结构墙体上面铺设金属龙骨或单独设置金属支撑结构（不锈钢、铝合金等）。在金属龙骨上铺设防水板材，板材拼接处进行密封处理（密封胶或热熔焊接等）、钉孔处进行防水密封处理，形成防水和防植物根系刺穿层，以保护金属龙骨支撑构架和墙体。防水板材（微发泡 PVC 板、PP 板等）可以有效地防止植物滴灌的水分和营养液渗透到金属龙骨或墙体，进而腐烛金属龙骨与墙体，同时可以起到防止植物根系刺穿。

防水层对于墙体绿化构造体系的寿命有着重要的影响，因为墙体绿化施工完成后防水再出现问题，其修复和替换都将非常复杂，所以通常都会选择适当厚度的防水板材，如微发泡 PVC 板厚度不低于 2cm、PP 板厚度不低于 0.5cm（图 5-17）。

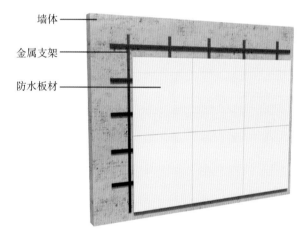

墙体
金属支架
防水板材

图 5-17 墙体绿化板材防水结构示意图

在铺设好的板材上面固定植物的扎根（保温）层，一般为一层或多层无纺布（毡布）。扎根（保温）层外侧为植物固定层，一般为一层开口的无纺布（袋）或内部无遮挡的硬质容器，紧贴无纺布（毡布）层铺设灌溉管，以进行有效灌溉。

5.2.2 涂膜防水施工

通常涂膜防水适用于各类墙体绿化中，多应用于对建筑墙体本身的保护。在墙体绿化施工前，通常需要在建筑墙体进行涂膜防水施工，以保证墙体的防水性和防潮性。涂膜防水的施工也会在一些墙体绿化搭建骨架材料的过程中用到，尤其是金属骨架（图 5-18）。

使用防水涂料涂刷需要绿化的墙体表面，形成一层防水膜。常用的防水涂料包括高弹丙烯酸防水涂料、聚氨酯防水涂料、高聚物改性沥青防水涂料等。以聚氨酯防水涂料为例，它是一种反应固化型防水涂料，由甲、乙两组涂料组成。甲组主要为聚氨酯预聚体，乙组是固化剂、增塑剂、促凝剂、增稠剂等混合而成的液体。使用时，按一定比例将两组成分按一定比例混合并搅拌均匀，涂刷在将要进行绿化施工的立面上，数小时后涂料固结形成防水膜。聚氨酯防水膜具有防水性能好、耐久性强的特点。

图 5-18　涂膜防水施工

5.2.3　卷材防水施工

墙体绿化的卷材防水通常是指自带防水卷材背底的铺贴式种植袋，这类产品可以直接固定并附着在需要绿化的墙面上。这类铺贴式种植袋以高分子 PVC 防水卷材或 TPO 防水卷材作为背底面紧贴墙面。同时另一侧通常为种植袋或种植盒，以保证种植袋蓄排水功能，确保植物无缺水隐患。

以高分子 PVC 防水卷材为例，它能为墙面提供很好的防水效果。卷材的节点连接处均由热风焊接，使用专用的可焊接钉将卷材与卷材、卷材与墙面无缝焊接起来，达到完美的防水效果。

卷材防水在墙体绿化中的应用有以下优点：

（1）有效防水　铺贴式种植系统中附加高强度防水卷材，有效解决了墙体绿化中常见的墙体潮湿、系统漏水等问题。

（2）节省空间　防水卷材直接与种植袋等种植系统结合，大大缩减墙体绿化的整体厚度，节省空间。

（3）施工快捷　使用以防水卷材为背底的铺贴式种植袋，节省了单独铺设各个基面的时间，大大节约人力和时间成本。

（4）结构安全　高强度防水卷材每平方米可承载 1t 左右的重量，结合铺贴式种植袋系统，能够大大增加系统的自承载力，使整体结构安全可靠。

第6章 耐根穿刺防水材料检测

2007 年以前，我国在防水材料耐植物根穿刺性能检测方面尚处于空白，随着种植屋面在我国城市迅速地普及实施，由植物根系导致的屋面渗漏问题也受到了人们的广泛关注。

种植屋面防水层一定要使用耐植物根穿刺性能符合要求的防水材料。目前，国际上没有统一的耐植物根穿刺防水材料产品标准。欧洲标准化协会在德国 FLL 协会标准的基础上，经过近 20 年的研究探索，才起草出了一个试验方法标准草案，即 prEN13948:2006（最终草案）《柔性沥青卷材——沥青、塑料和橡胶屋面卷材——耐根穿刺性能的测定》。该草案包括检测的范围、试验方法、试验条件等共 10 个部分，对如何开展种植屋面用防水材料耐根穿刺性能的测定做了较详尽的规定。

为学习国外先进经验，中国建筑防水协会专门组团赴欧洲考察了种植屋面与耐根穿刺性能试验。标准制定参考了 prEN13948：2006（最终草案·英文版），并依照欧洲标准在北京市园林绿化科学研究院筹建了我国第一个耐植物根穿刺性能实验室，该研究院的园林绿化检测中心于 2010 年 11 月获得了北京市质量技术监督局颁发的 CMA 检测证书，这标志着该检测实验室成为我国首家具有检测资质的防水材料耐根穿刺植物性能检测实验室，为屋顶绿化工程的标准化提供了重要的依据，也规范了国内种植屋面市场，实现了国内耐根穿刺防水材料的产品研发——实验检测——质量认定——市场推广的科学合理的流程，同时促进了国内新型防水材料的应用推广。

6.1 检测方法

6.1.1 检测内容

植物的根系对种植屋面的破坏主要表现在：穿透防水层导致防水功能失效、穿入结构层造成更为严重的破坏以及穿透防水层或破坏结构层所造成的连带损失。在对欧洲标准草案 prEN13948：2006（D）和德国 FLL 协会的试验方法（1997）认真分析研究的基础上，我国提出了适合的耐根穿刺植物材料检测方法，具体包含以下内容：

（1）范围　其规定了种植屋面用沥青类、橡胶类、塑料类、金属类等防水卷材耐植物根侵入和穿透能力的试验方法；只适用于单一类型的卷材，而不适用于不同类型卷材复合而成的材料的试验。但试验没有包含评价有关被检测卷材的环保性能。

（2）植物根穿刺的判定　如果试验中出现以下两种情况，即可认定该防水材料不具备耐植物根穿刺的能力：

1）试验条件下，植物根已生长进入试验卷材的平面或者接缝中，引起卷材的破坏。

2）试验条件下，植物根已生长穿透试验卷材的平面或者接缝。

（3）试验内容

1）试验在试验箱中进行，并在指定条件下将试验卷材置于根的下方。试验卷材的试件安装在 6 个试验箱中，并需包含几条接缝。另外需要 2 个不安装试验卷材的对照箱，以便在整个试验期间比较植物的生长效率。

2）试验箱中包含种植土层和密集的植物覆盖层，应适度施肥并浇水灌溉。由于环境条件对植物的生长具有影响，生长条件需具有可控性，因此，测试和对照箱安放在有温控的温室里。

3）两年试验期是获得可靠结果而需要的最短时间。试验结束后，将种植层取走，观察并评价试验卷材是否有根穿刺现象发生。

（4）试验植物要求　对试验植物生长量的要求：挑选植物时，确保长势一致。整个试验期间，试验箱中的植物至少达到对照箱中植物平均生长量（高度和干茎直径）的 80%。

6.1.2　检测设备及材料

（1）生长环境要求　为保证植物正常生长并可控，温室内温度在白天不低于（18±2）℃，在夜晚不低于（16±2）℃。室内温度从（22±2）℃起温室必须通风，应避免室内温度持续大于 35℃。需要时可在夏天进行遮阳或者在冬天进行人工光照。

（2）试验箱要求　每个试验试件需要 6 个试验箱和 2 个对照箱。试验箱的内部尺寸最小为 800mm × 800mm × 250mm（图 6-1）。试验箱内由下向上结构依次为：潮湿层、保护层、试验卷材、种植土层和植物。试验箱底部采用透明材料，用于观察植物根系的生长状况。潮湿层由陶粒（粒径为 8~16mm）组成，直接铺设在透明的底板上，其电导率 < 15.0 ms/m，厚度为（50±5）mm。保护层为规格不小于 170g/m² 的聚酯无纺布，铺在潮湿层上部、试验卷材下部，并保证此种材料与试验卷材相容。为了预防在潮湿层里生长藻类，箱底应遮光（如用塑料薄膜）；为保证潮湿层的水分，需在箱体下部镶上 ϕ35mm 供水管，注水管顶端需向上倾斜。

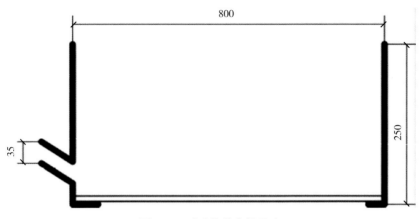

图 6-1 试验箱的内部尺寸

（3）检测样品要求 试验样品：试验前后都需从卷材上取参比试件，参比试件至少含 1 个接缝并达到 lm²。参比试件应当存放在黑暗、干燥、温度在（15±10）℃的实验室内；为便于清楚地确认试验卷材，在试验开始时需确定其产品名称、用途、材料类型、防水层厚度（塑料和橡胶卷材的有效厚度）、产品构造、生产日期、在实验室的安装方法（搭接、接缝方式、接缝处理剂、接缝密封类型、接缝封边带、特殊的拐角的搭接）、阻根剂。

6.1.3 检测实施

（1）试验具体实施 试验卷材的铺设如下所述：试验的试件由试验的委托者裁剪成适应试验箱安装的尺寸；搭接和安装由试验的委托者根据生产商的说明施工，每个试件应有 4 条立角接缝、2 条底边接缝以及 1 条中心 T 形接缝（图 6-2）；卷材试件须向上延伸到试验箱边缘。只要达到材料接缝形式相同的目的（如热熔焊接和热风焊接的接缝方式被看作是同等的），允许在试验中使用不同的接缝工艺。然而，无胶黏剂接头和有胶黏剂接头或者用两种不同胶黏剂的接头，这种接缝工艺是不同类的，需要分别测试。

卷材铺设完成后，放入种植土，种植土厚度应均匀，为（150±10）mm。在每个试验箱里种上 4 株试验植物火棘，使它们平均地分布在现有的平面上。

（2）检测周期内植物的养护 张力

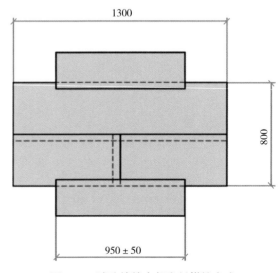

图 6-2 试验箱的内部卷材搭接方式

计的外壳须直接安置在种植土层里，保持与植物相等的间距（图 6-3）。

在一个检测周期内，应使整个种植土层（尤其是四边范围）保持均匀的湿润状态。同时避免在种植土层下部持续积水。按照每周一次的频率通过安装在试验箱侧面的进水管向潮湿层注水以保持其足够的湿润。缓释肥每 6 个月使用一次，第一次应在种植后 3 个月时施用。种植后的 3 个月内死亡的植物应该被替换。为了不干扰保留的植物的根系生长，替换只允许在试验的前 3 个月进行。当出现病虫害时，要采取适当的保护植物的措施。不允许修剪试验植物，允许在试验箱之间的通道范围里修侧芽。如果在试验的过程中有超过 25% 的植物死亡，试验需要重新进行。

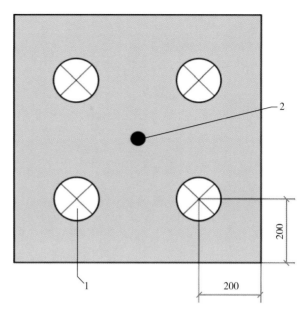

图 6-3　植物栽植分布方式和张力计位置

1—火棘　2—张力计

6.1.4　检测结果

（1）结果说明　以下情况不作为卷材被根穿刺，但在试验报告中需要提及的是：

1）当卷材含有阻根剂（如延缓生根的物质），植物根侵入卷材平面或者接缝深度 ≤ 5 mm 时，不属于被根穿刺的情况，因为只有当植物根侵入后阻根剂才能发挥作用。为了有利于评估，在试验开始时，生产商应明确地表明这种卷材是否含有阻根剂。

2）当产品是由多层组成的情况下（如带铜带衬里的沥青卷材或者带聚酯无纺衬里的 PVC 卷材），植物根虽侵入平面里，但若起防止根穿刺作用的那层并没有被损害时，也不属于被根穿刺的情况。为了有利于评估，在试验开始时，起作用的这层就应被明确地表明。

3）根侵入接缝封边（接缝没有损害）时，也属于被根穿刺的情况，因为接缝封边是焊接时挤压出的熔化物质或者是保护接缝边缘的液体物质。

（2）结果记录

1）每 6 个月通过透明底部观察 6 个试验箱的潮湿层是否有根穿刺现象发生。当有根穿刺现象发生时，必须通知试验委托者，停止试验。

2）每年记录试验箱和对照箱里试验植物的生长量，方法是记录高度和（20 ± 2）cm 高度处干茎的直径，并比较试验植物的平均生长量。

3）受损的植物要单独记录，如生长变形或者树叶变色等。

（3）检测结果判定

1）应通知试验的委托者试验结束的日期，以便委托者参加。

2）记录下在每个试验箱中侵入和穿透卷材的植物根的数量。对平面和接缝处的穿刺要分开记录。

3）无论有没有根穿刺现象发生，都要对实物拍照以作为证明。

4）保存检测试件，并对植物的生长进行描述。

5）在试验结束后，如果在每个试验箱中都没有任何根穿刺现象发生，并同时满足试验期间试验箱中植物的生长量至少达到对照箱植物生长量的平均 80%（高度、干茎直径），则可认为该卷材具有耐根穿刺性。

6.2 检测结果分析

6.2.1 不同类型防水材料通过率

截至 2022 年初，共计有 301 种产品通过了耐根穿刺性能检测，其中包括弹性体（SBS）改性沥青防水卷材、聚氯乙烯（PVC）防水卷材、高分子自粘胶膜 HDPE、聚乙烯丙纶防水卷材、三元乙丙橡胶（EPDM）防水卷材、热塑性聚烯烃（TPO）防水卷材、喷涂聚脲防水涂料、改性沥青聚乙烯胎防水卷材、EVA 防水板等（图 6-4）。

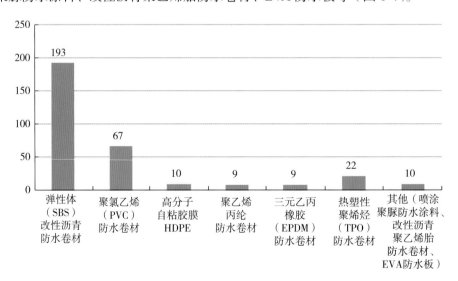

图 6-4　通过耐根穿刺性能检测的防水产品

由送检通过的产品来看，目前国内各类耐根穿刺防水材料中，改性沥青类、PVC 类作为种植屋面耐根穿刺防水层因其材料价格、性能、认知度以及施工难度、搭接方式等方面具有的优势,在一定时期内还占据市场的主导地位。防水卷材耐根穿刺性能检测通过产品分布如图 6-5 所示。

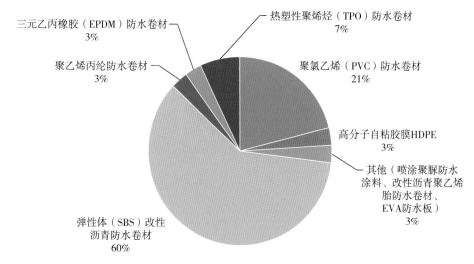

图 6-5 通过耐根穿刺性能检测的产品的类型分布

国内种植屋面市场的耐根穿刺防水材料质量良莠不齐,通过 15 年的耐根穿刺植物性能检测试验表明,有些防水材料,检测时间不到半年,植物根系就已穿透防水层,令人触目惊心,由此证明目前进一步深入开展种植屋面耐根穿刺防水材料植物性能检测试验研究的必要性和迫切性。目前,没有耐根穿刺植物性能检测合格报告的防水产品,渐渐很难进入国内种植屋面市场,这对于规范国内种植屋面市场和解决种植屋面的后顾之忧十分有益。

6.2.2 穿透原因分析及对策

防水材料的安全性是种植屋面成功与否的关键。随着我国种植屋面行业的迅速发展,种植屋面工程如何避免因植物根系穿透防水材料出现屋面渗漏的现象发生,如何选用适宜的耐根穿刺防水材料等问题显得至关重要,这要求耐根穿刺防水材料需要承受植物根系的机械穿刺、生物腐蚀以及具有在长期潮湿状态下的耐霉菌性能等。

从根系穿透防水材料的试验箱来看,防水材料表面、无缝角和接缝处均容易被根系穿透或(并)穿入。不仅如此,部分试验卷材本身不耐腐蚀,仅一年时间就可被人轻松撕开。根据已有试验结果,有关防水设计与施工单位在进行种植屋面防水设计和施工时,应首先保证材料的耐腐蚀度,其次再考虑耐根穿刺能力。通过北京市园林科学研究院在耐根穿刺性能检测方面多年检测经验积累和研究表明,一些耐根穿刺防水材料在产品原材料配方、生产工艺、配套施工技术等方面的问题,总结归纳见表 6-1。

表 6-1　耐根穿刺防水材料阻根原理及失败原因

耐根穿刺防水材料	阻根原理	材料类型及特性	失败原因	改进措施
改性沥青聚酯胎防水卷材	化学阻根	热熔焊接；必须添加化学阻根剂	①阻根剂用量不足；②热熔搭接的可靠性；③过度热熔焊接，阻根剂高温分解；④阴角附加层处理不当	整体工艺改进
改性沥青铜胎基防水卷材	以物理阻根为主，为辅化学阻根	铜离子溅射于聚酯胎上，具有聚酯胎特性	①搭接处必须添加化学阻根剂；②阻根剂用量不足	整体工艺改进
		金属铜箔两面复合聚酯膜后再与聚酯胎复合	①胎基容易分层；②卷材必须添加化学阻根剂；③阻根剂用量不足或过量	整体工艺改进
		镀有铜的织物与聚酯胎复合	①织物与沥青粘附性差，两层胎基间易分层，防水耐久性差；②阻根剂用量不足；③过度热熔焊接，阻根剂高温分解；④阴角附加层处理不当	整体工艺改进
改性沥青聚乙烯胎防水卷材	聚乙烯胎具有一定的物理阻根性能	热熔焊接；物理阻根的同时，搭接处必须添加化学阻根剂	①不添加化学阻根剂，接缝处会产生根穿；②聚乙烯胎强度低，机械性能差；③热尺寸稳定性差，聚乙烯胎外露施工搭接处易变形开裂	整体工艺改进
聚氯乙烯（PVC）防水卷材	物理阻根	热风焊接；耐候性、耐腐蚀性、含增塑剂	①虚焊；②增塑剂迁移引起卷材变硬开裂老化，表面霉变，易被根穿刺；③内增强型卷材接缝处胎基外露会有芯吸效应，易潮湿吸水产生分层，引起防水渗漏和根穿刺	施工时应将熔出物封闭端面，最好有附加的密封胶或密封带
热塑性聚烯烃（TPO）防水卷材	物理阻根	热风焊接；耐候性好、耐腐蚀性、不含增塑剂	①虚焊；②因型材过厚导致的T形缝部位渗漏	检查焊接区域的剥离强度，在搭接部位应当采用如减薄搭接区厚度，增加附加层等方式，提高搭接的可靠性

（续）

耐根穿刺防水材料	阻根原理	材料类型及特性	失败原因	改进措施
聚乙烯丙纶防水材料	物理阻根	聚合物水泥胶结料胶粘；耐候性、耐腐蚀性好；采用一层胶结料与一层卷材组合的复合防水	①胶的柔韧性和基层变形适应性；②复合防水的柔韧性	工程应用中应考虑变形部位和分区设置
三元乙丙橡胶（EPDM）防水卷材	物理阻根	热风焊接；材料柔软，有较高的拉伸强度、耐候性和耐腐蚀性，节点易处理	①卷材搭接仅使用胶黏剂或丁基密封胶带，胶黏剂的耐水性差；②丁基密封胶带密封处因强度低引起的根穿刺	在丁基胶带中加入化学阻根剂，或搭接缝端采用聚乙烯膜面丁基胶带封口
自粘聚合物改性沥青防水卷材	化学阻根	必须添加化学阻根剂	①沥青自粘胶黏结剥离强度低导致接缝界面处根穿刺；②沥青内聚强度低，较厚的沥青涂盖层也易被根穿刺	搭接工艺改进
喷涂聚脲防水涂料	物理阻根	耐腐蚀，有较高拉伸强度，高强度和低吸水率	①涂膜厚度不易控制；②表面不平整，厚度不均匀，易出现气泡，根系易贯穿	

　　综上所述，目前通过耐根穿刺性能检测的材料以改性沥青防水卷材居多。耐根穿刺防水材料首先必须是优良的防水材料，其次必须具有耐根穿刺性能，两者不可或缺。耐根穿刺防水材料是系统构成的概念，不是只针对单一材料本身的要求，系统包括了材料性能、设计选材、施工工艺等。

第7章 建筑绿化防水工程案例详解

7.1 防水工程案例

7.1.1 平屋面

1. 深圳星河发展中心防水工程项目（2009年鲁班奖工程）

（1）项目概况　星河发展中心（星河中心）位于深圳福田CBD，是由星河实业（深圳）有限公司开发的甲级写字楼，项目集五星级酒店、商务、购物、休闲于一体。该项目位于深圳市行政、商业、金融中心区，紧邻福田高铁站、广深港城际高速和多条地铁线路，地理、交通位置十分优越（图7-1）。

图7-1　深圳星河发展中心

（2）项目难点与防水设计　星河发展中心双向紧邻地铁，处于深圳核心商务区，该项目裙楼屋面构造复杂、节点多，设有游泳池、水景池、乔木种植区，对防水要求十分严苛。项目在裙楼种植屋面采用了 1.5mm 厚聚合物水泥基防水涂料和 4.0mm 厚 BAC 耐根穿刺防水卷材（沿种植土上翻 300mm，种植物为乔木的部位加铺 1.5mm 厚 PVC 板），其现场施工照片如图 7-2~ 图 7-5 所示。

图 7-2　阴角节点加强

图 7-3　出屋面管道节点加强

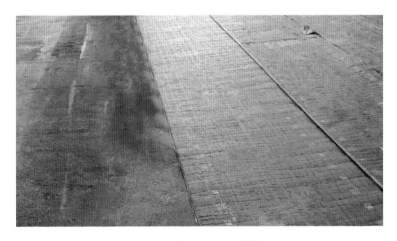

图 7-4　涂料实干后干铺卷材

图 7-5　投入使用后实拍图

2. 深圳平吉上苑防水工程项目

（1）项目概况　平吉上苑位于深圳市龙岗区平湖街道上木古社区（新河路与平新北路交汇处），为高层、超高层住宅，占地面积 2.8 万 m^2，总建筑面积 16 万 m^2 小区绿化范围广，公园广场、楼前楼后都有树木围绕（图 7-6）。

图 7-6　深圳平吉上苑效果图

（2）项目难点与防水设计　该项目地面两层为集中商业裙楼，裙楼屋面设备基础多，同时也作为小区花园，种植区域较大，横跨建筑变形缝、后浇带等节点，对防水要求高，整体施工难度大。经过多方沟通商议，最终在该项目种植屋面采用了 2.0mm 厚涂必定橡胶沥青防水涂料和 4.0mm 厚 BAC 耐根穿刺防水卷材的防水方案，现场施工照片如图 7-7~图 7-16 所示。

图 7-7　基层抛丸 / 打磨处理

图 7-8 涂刷基层处理剂

图 7-9 变形缝阴角加强

图 7-10 后浇带节点加强

图 7-11 设备基础节点加强

图 7-12 防水层施工

图 7-13 防水层黏结强度测试

图 7-14　防水层施工完成

图 7-15　完工三年后裙楼种植情况

3. 武汉天河机场交通中心种植屋面项目

（1）项目概况　作为华中地区规模最大、功能最齐全的武汉天河机场交通中心（图 7-17），是继北京 T3 停车楼、上海虹桥综合交通枢纽之后，国内又一重要综合交通枢纽。完善的区域交通网络体系、便捷的流线设计、智慧旅客导引系统、绿色生态设计理念保证了交通中心的高效无缝换乘和可持续发展。交通中心用地为 10.5 公顷，东西长约 480m，南北长 250m，地

图 7-16　完工五年后裙楼屋面种植区

面 2 层，地下 2 层（含城铁、地铁站台层），建筑高度为 18.5m，总建筑面积为 30.44 万 m^2。屋面绿化面积达 5 万 m^2，屋面绿化面积之大属全国少有，该项目于 2017 年竣工。截至2019 年上半年，天河机场交通中心旅客吞吐量达 1330.7 万人次，同比增长 12.20%；日均车流量达 13000 车次；入驻商铺三十余家。在第七届世界军人运动会举办期间，天河机场交通中心项目圆满完成服务保障任务，"上天入地"的立体穿梭式换乘条

图 7-17　武汉天河机场交通中心

件，贴心细致的志愿服务获得国内外旅客的一致称赞。

（2）项目难点与防水设计　本项目面积大、交叉施工人数多、节点多、工期紧成为屋面防水保温施工的难点，该项目的屋面防水采用节能屋面做法，共设有三层防水，既保证防水的可靠性，也对屋面保温性能起到很好的保护作用。如图 7-18 所示，为武汉天河机场交通中心结构图。

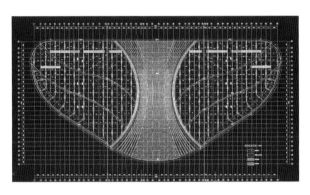

图 7-18　武汉天河机场交通中心结构图

其作为永久建筑必须考虑 20 年以后植物的根须是否会破坏防水保温层甚至结构层。因此，项目最终采用了 Vedaflor WS-I 铜复合胎基改性沥青耐根穿刺防水卷材，该防水卷材通过德国 FLL 协会认证，有 20 年的质保期，使用年限可达 50 年以上。

（3）防水施工　铺设 Vedaflor WS-I 铜复合胎基改性沥青耐根穿刺防水卷材，面层卷材和底层卷材错缝搭接，保证面层和底层卷材相邻铺设形成不窜水的构造，保证屋面防水安全（图 7-19~ 图 7-21）。

图 7-19　防水施工现场

图 7-20　现场节点处理

图 7-21　面层阻根材料完成面效果

（4）小结　交通中心距离 T3 航站楼较近，以优美的弧形线条与航站楼屋顶造型相
呼应，寓意"银河璀璨，凤舞九天"，两者相映成为一个整体——破茧成蝶振翅飞，翩翩
起舞映天河（图 7-22）。

图 7-22 交通中心与 T3 航站楼相映衬

4.上海市虹口区星贝幼儿园项目

上海市虹口区星贝幼儿园是一所设施先进的一级幼儿园。自 2008 年开园以来,星贝幼儿园以促进幼儿全面和谐健康发展为理念,以"让孩子健康快乐每一天"为办学宗旨而努力。幼儿园以运动教育为载体,本着让每个幼儿快乐运动的出发点,创设出了富有特色的运动教育课程体系,并努力培养友好交往、乐于合作、独立自信、善于表现,又有较强独立性和主动性的孩子。

上海市四季分明,日照充分,雨量充沛,为保障建筑防水性能,给孩子们一个良好的学习环境,屋面防水采用柯瑞普智能贴防水系统,其具体材料组合为:2mm 厚科顺 KS-520 非固化橡胶沥青防水涂料与 4mm 厚 CKS 高聚物耐根穿刺改性沥青防水卷材(化学阻根),同为改性沥青材料的防水涂料和防水卷材复合使用(图 7-23),材性及施工相容性俱佳,能充分发挥两类材料的优点,优势互补,起到"1+1＞2"的防水效果,同时还可以节约工期(图 7-24)。

图 7-23 防水涂料与防水卷材复合施工

图 7-24　完工后的项目照片

7.1.2　坡屋面

1. 上海巨人网络松江总部园区种植屋面项目

（1）项目概况　2010 年 6 月，巨人网络松江新园区正式启用，园区位于上海松江区中凯路 988 号（近广富林路）。这座建筑位于一个大型人工湖畔上，并用开放的建筑语汇展开它的首层平面，其起伏的形态展现出一个凌驾于湖面之上的巨大悬臂。其西侧为一个摆动的绿化屋顶，这个屋顶一直向上延伸到办公楼，可为办公空间降温并节省了制冷费用。地面上布置了一系列向下的台阶，将公共人群和社会活动引导到人工湖畔。

巨人园区并不是一个房地产项目，其中的办公楼、宿舍楼、体育娱乐设施、花园湖面全部供巨人员工自用。该项目由著名的美国 Morphosis 建筑事务所设计并由曾获得全球建筑界最高荣誉"普利策奖"的著名设计师 Thom Mayne 量身打造，屋顶景观由美国 SWA 公司设计，屋面景观绿化面积约 15000m^2，屋面由 48 块大小不等的坡屋面构成，最大坡度为 53°，最小坡度为 6°。整个巨人网络松江总部园区呈巨龙俯卧的姿态，依水而建，傍水而居。其中，被称为"龙头"的 36m 高楼探头至水面，远远看去似若蓄势待发的大炮。环保屋顶，一层绿草皮，让人联想起战争电影中那些隐藏起来伺机而动的战士，整个造型组合起来又像一条腾飞的巨龙，穿着绿色的外衣。同时也考虑到生态的多样性，通过屋顶花园引来蝴蝶等昆虫和鸟类，实现人与自然的和谐相处。

项目原先设计的为倒置式结构，防水采用了三元乙丙橡胶防水卷材，挤塑板置于其上起保温作用，混凝土覆盖在最上面作为保护层，但是准备施工绿化时屋面漏水已经非常严重，一旦上面覆土种植以后，漏水造成的装饰损失将非常巨大，所以在混凝土保护层上增设一道 Vedaflor WS-I 铜复合胎基改性沥青耐根穿刺防水卷材，来提高防水性能和保护下层材料不受植物根系破坏，延长整个系统的使用寿命。

（2）项目设计

1）设计的依据标准为现行国家规范《种植屋面工程技术规程》（JGJ 155）。

2）在保温层上设置保护层。保护层采用 60mm 厚的 C20 细石混凝土，分格尺寸为 6m×6m。

3）耐根穿刺防水层采用 Vedaflor WS-I 铜复合胎基改性沥青耐根穿刺防水卷材，整个屋面全部铺设，在与女儿墙相接处，耐根穿刺防水层上翻至女儿墙顶面外边线；在与凸出屋面的构筑物相交处，上翻高度不小于女儿墙上翻高度；在反梁处，耐根穿刺防水层应将反梁全部包裹住。

4）橡胶排水板采用体形交联共聚物橡胶多孔排水板。橡胶排水板铺设在耐根穿刺防水层上，在金属石笼底部不铺设。

5）过滤层、保水层沿整个屋面铺设，石笼侧壁需包裹过滤层、保水层。

6）坡度大于 15°的屋面设置防滑挡板。防滑挡板选用 14# 槽钢，槽钢需做防锈处理，做法如下：

①清理基底后，涂两遍防锈漆和两遍沥青漆，漆膜厚度＞300μm。

②缓坡屋面（15°＜坡度＜25°）处的槽钢间隔为 6m×6m，陡坡屋面（坡度≥25°）处的槽钢间隔为 3m×3m，且沿竖向加横肋，横肋采用 7.5# 角钢。

③在水泥墩上设置连接件，槽钢与连接件用螺栓连接，槽钢之间、槽钢与角钢之间也为螺栓连接。

④所有的螺栓连接处均做防锈处理，其处理方式同槽钢。

7）轻质土壤层仅用于坡度小于 25°的屋面，对于坡度大于或等于 25°的屋面，则全部采用高次团粒土壤培养基。

8）设计层次。该项目的坡屋面绿化系统构造如图 7-25 所示。

9）耐根穿刺防水卷材的选择：根据本工程的重

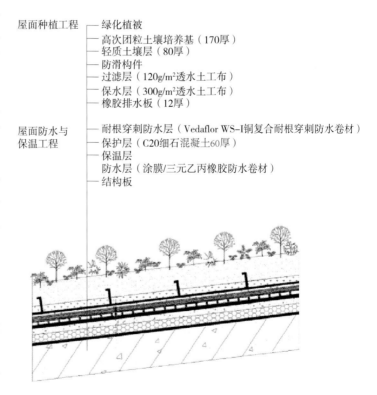

图 7-25　坡屋面绿化系统构造

屋面种植工程 ——绿化植被
　　　　　　——高次团粒土壤培养基（170厚）
　　　　　　——轻质土壤层（80厚）
　　　　　　——防滑构件
　　　　　　——过滤层（120g/m² 透水土工布）
　　　　　　——保水层（300g/m² 透水土工布）
　　　　　　——橡胶排水板（12厚）

屋面防水与保温工程 ——耐根穿刺防水层（Vedaflor WS-I 铜复合耐根穿刺防水卷材）
　　　　　　——保护层（C20细石混凝土60厚）
　　　　　　——保温层
　　　　　　　　防水层（涂膜/三元乙丙橡胶防水卷材）
　　　　　　——结构板

要性、屋面构造形式及设计对防水材料的要求，为保证材料的质量及卓越的耐根穿刺性能，经过对各类耐根穿刺防水材料的甄选，最终决定采用 Vedaflor WS-I 铜复合胎基改性沥青耐根穿刺防水卷材（表 7-1）。这是一种具有耐根穿刺性能的改性沥青防水卷材，它采用了高质量的 SBS 改性沥青涂层以及铜 – 聚酯复合胎基制作而成，赋予产品独特的植物耐根穿刺功能（该功能通过德国 FLL 协会的试验验证），且其上表层的蓝绿色板岩颗粒具有抵御紫外线的能力。

表 7-1　种植屋面防水卷材比较

材料	施工工艺及材料说明	施工质量控制难易程度	施工进度
合金防水卷材（PSS）+ 双面自粘防水卷材	卷材搭接采用锡焊条平焊方式，两道工序，耐根穿刺性能永久，节点处理难，不影响植物生长	质量不易控制	慢
Vedaflor WS-I 铜复合胎基改性沥青耐根穿刺防水卷材	卷材施工采用普通热熔，一道工序，耐根穿刺性能永久，不影响植物生长，节点处理容易	质量容易控制	快
金属铜胎改性沥青防水卷材	卷材施工采用普通热熔，一道工序，耐根穿刺性能永久，不影响植物生长，但是延伸率低，节点处理容易，防水性能差	质量容易控制	较快
改性沥青化学耐根穿刺防水卷材	卷材搭接采用普通热熔，一道工序，耐根穿刺性能差，会影响植物生长，节点处理容易	质量不易控制	较快

（3）施工重点控制及相关节点设计

1）施工流程：施工准备→结构板施工→底层防水层施工→保温板施工→保护层施工→耐根穿刺防水层施工→排水板施工→过滤层、保水层施工→防滑构件施工→种植土施工→园林绿化施工。

2）耐根穿刺防水层施工过程控制：Vedaflor WS-I 铜复合胎基改性沥青耐根穿刺防水卷材采用满粘法施工，施工时应严格控制卷材的搭接长度及搭接处的热熔质量。

在铺设卷材前要做好两个步骤；一为基层处理，二为基层处理剂涂刷。

基层处理是指将验收合格的基层清理干净，并使防水基层（结构层或水泥砂浆找平层）达到下列要求：

①压光、坚实，不得出现凸凹、裂缝等现象。

②表面干燥，含水率不大于9%或通过覆盖黏结试验。

③表面平整，用 2m 长直尺检查，直尺与基层之间不应有超过 5mm 的空隙，且只允许平缓变化。

④表面无积水，排水坡度符合设计图纸要求。

⑤防水阴角处做成圆弧半径为 $R \geqslant 50mm$ 的圆弧角或钝角。

混凝土基层要干燥、无浮灰、无其他杂物。基层处理剂要使用油性（或水性）冷底子油处理，涂刷厚度及干燥程度需要符合冷底子油厂家提供的相关指标和涂刷说明。

耐根穿刺防水卷材搭接时，搭接长度应满足要求：长边搭接宽度 $\geqslant 80mm$，短边搭接宽度 $\geqslant 100mm$。卷材的搭接边处理在工程中是极为重要的一环，在施工中应严格按照现行国家标准，将"接缝部位必须溢出沥青热熔胶，并形成匀质的沥青条"作为控制关键，溢出沥青条宽度为 2~5mm（图 7-26）。

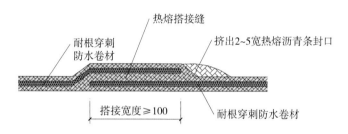

图 7-26　耐根穿刺防水卷材搭接示意图

卷材施工的节点：卷材收头应直接铺至女儿墙顶，用成品压条压钉固定，并用密封材料封闭严密，压顶应做防水处理。

如图 7-27 所示为石笼底部的防水处理。

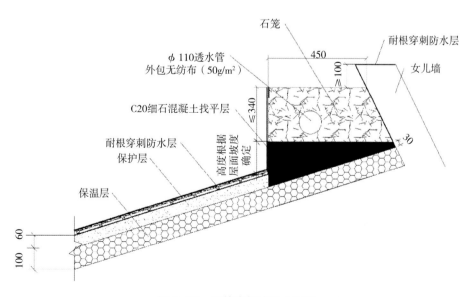

图 7-27　石笼底部的防水处理

3）排水层、过滤层施工过程控制：在耐根穿刺防水卷材施工完成后将体形交联共聚物橡胶多孔排水板铺设在耐根穿刺防水卷材上（在金属石笼底部不铺设）。如遇水落口，

橡胶排水板要将水落口完全地覆盖住。对于坡度小于 15° 的屋面，橡胶排水板采用空铺方式；对于坡度大于 15° 的屋面，采用胶水黏结方式。

为了防止泥浆对排水层渗水性能的影响，在排水层上设置过滤层、保水层（图 7-28）。过滤层、保水层使用蓄排水毯，沿整个屋面铺设，并包裹石笼侧壁。过滤层、保水层铺设完成后即可在表面直接覆土。

图 7-28　过滤层、保水层的铺设

4）种植土选择：该种植屋面坡度较大，为了避免水土流失，选择了高次团粒土，其具有的团粒结构，由大小不同的粒子集合体（团粒）构成，拥有大小不一的孔隙，即团粒内的小孔隙和团粒间的大孔隙。团粒内的小孔隙具有保持水分、养分的功能，团粒间的大孔隙具有排水、通气的功能。另外，团粒结构中的黏土粒子能吸附大量的养分以供植物生长，同时栖息着多种多样的土壤微生物。团粒结构具有无与伦比的水土保持能力，以及抵抗雨滴冲击的能力，受雨水打击时，细小土粒子不移动、不流失，雨水可以不断

地透过土壤大孔隙浸透下去。在团粒结构发达的森林土壤中，因树根腐朽而形成的孔隙和小动物移动而形成的洞穴，发挥着疏通水路的作用，所以雨水很容易浸透下去。当遇到连续晴天时，团粒结构会形成遮水壁即表面结壳，可防止深层土壤的水分继续蒸发，从而保持土壤湿润的状态（图 7-29）。

图 7-29　土壤湿润的状态

5）植物选择与养护：为了体现大自然的四季变化，使屋面景观充满生机，故而选择了绵毛水苏、八宝景天、阔叶麦冬、花叶蔓长春、无毛紫露草、金山绣线菊、金叶苔草、多花筋骨草、中华景天等。这些植物的搭配混种，实现了不同季节不同景观色彩的效果，

更具自然特点。该项目屋顶绿化面积较大，层面坡度也较大，人工浇水难度大，所以选择了自动浇灌系统。

（4）小结　种植屋面涉及的专业面非常广，有防水、耐根穿刺、土壤、植物、排水、落水、浇灌、过滤、防滑等，只有选择合理的系统、高质量的材料、严谨的施工、科学的管理，才能实现屋面绿化的目的。

本工程中的种植屋面现已成为巨人总部园区内的一大亮点，漫步其中，感受着人与自然的和谐统一，让人心旷神怡（图 7-30）。

图 7-30　种植屋面景观

2. 北京地铁 7 号线东延工程环球度假区站项目

（1）项目概况　北京地铁 7 号线环球度假区站位于环球影城主题公园内部，是北京环球影城主题公园的主要入口。车站设计方案被命名为"梦开始的地方"。方案以"梦幻"为主题，融入了中国水墨山水画、科幻未来等元素，车站完全融入环球影城主题公园的环境当中。环球度假区站长 700 余米。此外，环球度假区站的钢结构屋顶除了具备采光功能外，还进行了绿化，这在北京地铁站的设计建设中也是第一次出现。种植屋面总荷载为 $6.5kN/m^2$，允许防水层保温层和找平层荷载为 $0.35kN/m^2$，项目于 2019 年建成。

（2）项目难点与防水设计

1）项目难点：本项目的梁柱结构采用的是钢结构，屋面为弧形，坡度为 8%~33%，采用了压型钢板和钢筋混凝土复合的结构形式，由于钢结构变形较大，会造成混凝土的开裂增多，直接影响混凝土的防水性能，并且室内最高高度近 20m，且有吊顶结构，屋面又增加了种植绿化，需要常年浇水，一旦渗漏，修复代价巨大，同时还会造成不良的社会影响，因此，设计时业主对该屋面提出了如下期许：①建好后 10 年内不能有一个漏点；②保温性能要好；③屋面在防水保温部位荷载要小，给绿化留足空间。

2）防水设计：针对项目的特点以及业主的期许，从整个屋面系统的角度考虑，制定了如下干法系统的种植屋面设计方案，干法系统种植屋面构造层次如图 7-31 所示。

1.地被类植物
2.轻质营养土，生态袋固土
3.40高网状交织排水板
4.40厚钢筋细石混凝土保护层（设置防滑构件）
5.4厚Vedaflor WS-I板岩面铜复合胎基SBS改性沥青耐根穿刺防水卷材
6.3厚Vedatop su隔火型含加强筋玻纤胎改性沥青自粘防水卷材
7.70厚XPS保温层(PU胶黏剂)
8.1.2厚耐碱铝箔面层玻纤胎改性沥青隔汽卷材
9.1.5mm水乳型沥青液体卷材
10.钢筋混凝土屋面板

图 7-31　干法系统种植屋面构造层次

（3）防水施工　将屋面防水、保温当作一个系统施工，采用了干法施工工艺（图 7-32）。

图 7-32　干法施工工艺

本项目的干法施工，有以下先进性：

1）系统化施工。由一家屋面系统公司施工，传统屋面一般由几家单位共同完成，如防水公司施工防水材料，保温材料公司施工保温材料等，但本项目是由一家屋面系统公司施工，克服了相互交叉，配合不协调等缺点。

2）无热桥的保温层施工。保温板板缝为保温层主要的热桥点，在保温板板缝位置的传热系数为保温板的 20 倍，可有效地杜绝热桥。通过用专用 PU 胶黏剂将保温板黏结在隔气层上，防止铺设好的保温板移位（图 7-33）。

图 7-33 屋面保温层现场施工照片

为防止在施工过程中因保温板滑动而产生较宽的板缝从而出现热桥，所以，当保温板板缝超过 2mm 时，还会采用保温条或者发泡胶填充空隙，以实现屋面保温连续并且无板缝（图 7-34）。

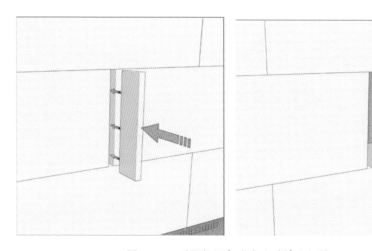

图 7-34 采用保温条或发泡胶填充板缝

3）保温板上直接黏结防水层（图7-35）。为了保持干燥，本项目的防水卷材需要直接黏结于保温板上，这不仅要求防水卷材与 XPS 有非常好的相容性，且均不发生化学性能改变，还要求防水材料与保温材料都具有非常好的尺寸稳定性能。所以本项目的保温板选用了全新料生产的 XPS 保温，并且成化期超过了 42 天，避免了传统 XPS 变形大的缺陷。

图 7-35　保温板上直接黏结防水层

如图 7-36 所示为传统 XPS 保温材料的收缩变形，这直接产生了施工热桥，并且保温层的变形会破坏与其黏结的材料。

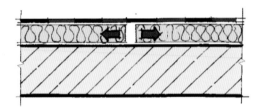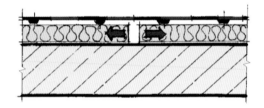

图 7-36　传统 XPS 保温材料的收缩变形

4）创新性的屋面分区防水。屋面分区防水可以有效地避免因一个部位破损而造成大面积渗漏的情况出现，也可以避免铺设好的保温板在下雨时使保温层进水，保证了下雨时不会影响干燥的施工环境（图7-37）。

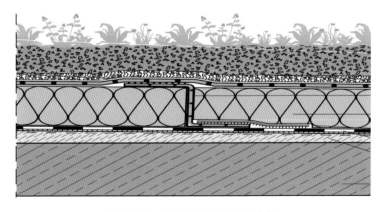

图 7-37　创新性的屋面分区防水

如图 7-38 所示为根据项目轴线设置的防水分区，图 7-39 所示是铺设的保温板可防止下雨对干燥施工的影响，杜绝雨水进入保温材料中。

图 7-38　根据项目轴线设置的防水分区

图 7-39　铺设的保温板

（4）小结　通过项目的淋水试验即大雨小雨的检验，以及覆土后每天浇水的验证，无一处渗漏点出现，通过热成像仪检测，无一个热桥点出现。环球度假区地铁站的种植屋面防水保温系统设计是科学且合理的，施工是简单且可操作的，便于管理。通过本项目理论与实践的证明，建筑围护系统，特别是屋面防水保温系统，干燥的施工和保持运行的干燥是保证屋面的防水性能、保温性能的基础与前提，合理的屋面系统设计可以是建筑屋面的"基因图谱"，通过该屋面系统实现了业主建筑不漏水、荷载轻且节能的目标（图 7-40）。

图 7-40　环球度假区地铁站的种植屋面

3. 宜昌奥林匹克体育中心射击馆种植屋面项目

（1）项目概况　宜昌奥林匹克体育中心射击馆位于湖北省宜昌市点军区桥边镇偏岩村，占地面积为 1425 亩（1 亩 ≈ 666.67m²），总建筑面积为 20.60 万 m²，总投资为 23.35 亿元，其中包括 400 座乙级射击馆，建筑面积为 1.8 万 m²。项目由宜昌市城市建设投资开发有限公司投资建设，中建三局第一建设工程有限责任公司承建，项目于 2020 年一期工程完工，属湖北省重点建设项目，建成后可举办全国综合性运动会及国际单项赛事，该项目高度融合了竞技体育、大众健身、休闲娱乐、商务办公、会展演出、集会庆典等城市功能。图 7-41 为宜昌奥林匹克体育中心射击馆效果图。

图 7-41　宜昌奥林匹克体育中心射击馆效果图

（2）项目难点与防水设计　宜昌奥林匹克体育中心射击馆属于异形曲线斜屋面轻型种植屋面（图 7-42）。其设计理念为：基地环山抱水，大自然赋予场地生机和灵动，建筑应与自然融为一体，赋予建筑朴实而从容的特性。屋面三角天窗、设备基础

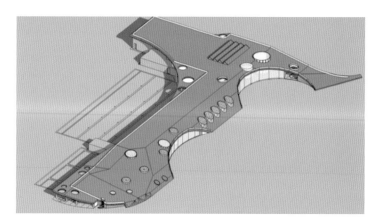

图 7-42　该项目为异形曲线斜屋面轻型种植屋面

等处的节点在防水保温施工方面难度极大。

屋面采用的是三层防水设置，最上层采用的具有阻止根系穿透功能的 Vedatect WF 3000 bluegreen 4mm 厚改性沥青耐根穿刺防水卷材。

（3）防水施工　因为项目有坡度需要，同时为防止土壤滑移，屋面结构设置了反梁，这也导致防水铺设节点较多，排水处理较难等施工难点的出现（图 7-43）。

图 7-43　项目现场施工照片

（4）小结　该种植屋面构造复杂，坡度较大，对防水要求较高，是当时宜昌市最大的覆土建筑。该建筑临近山体，根据地形特点，采用适当的手法处理，让建筑与自然融为一体（图 7-44）。

图 7-44　宜昌奥林匹克体育中心射击馆种植屋面景观

7.1.3　地下室顶板防水案例

1. 厦门保利·叁仟栋地块三项目防水工程（2019 年金禹奖金奖工程）

（1）项目概况　厦门保利·叁仟栋地块三项目位于厦门市同安区滨海西大道以东，快速公交潘涂站旁，环东海域海岸线，业主期望项目最终能实现"户户可以看海"的愿景，同时有定制临海海岸别墅，海岸线长达 19.6km（图 7-45）。

图 7-45　厦门保利·叁仟栋项目效果图

（2）项目难点与防水设计　厦门是沿海城市，该项目也属于临海工程，雨水较多，且会有台风天气，因此对防水的要求高。该项目采用了卓宝的"贴必定＋涂必定"（零缺陷）防水服务系统。其中，种植顶板及屋面采用了 2.0mm 厚非固化橡胶沥青防水涂料和 4.0mm 厚 BAC 耐根穿刺自粘防水卷材复合防水施工技术，该做法与常规做法区别较大，突破了传统防水工艺的束缚，极具创新性。

自粘防水卷材通过橡胶沥青涂料与结构层牢固黏结，消除了防水层与基层之间的窜水层，达到"皮肤式"的防水效果，又简化了构造层次，减少施工工艺，降低了项目的综合造价，节约工期；相比于传统的做法来说，具有较大的优越性与创新性。现场施工情况如图 7-46~ 图 7-48 所示。

图 7-46　涂料与卷材同步施工

图 7-47　阳角加强处理

图 7-49 所示为项目投入使用后的种植情况。

图 7-48　防水层施工完毕

图 7-49　项目投入使用后的种植情况

2. 杭州华数白马湖数字电视产业园防水工程项目

（1）项目概况　如图 7-50 所示为杭州华数白马湖数字电视产业园。该建设项目坐落在杭州滨江白马湖生态创意城内，位于湘湖北路以南，长江南路以西，规划总用地面积为 59278m²，建筑面积约为 16 万 m²。项目建成以后有力推动了杭州市数字电视产业发展及促进华数自身发展，成为数字化技术和应用的创新源、新企业的孵化器、国内外数字化产业链高端企业集聚园区、集聚杭州的助推器。该项目主要内容包括生产、数字电视制作、播出、互联网宽带服务等。

华数白马湖数字电视产业园建成后形成了"数字运行区、华数集团区、产业发展区、园区配套区四大功能区域。园区建设打造八大运行中心：全省数字电视播控中心、全国新媒体播控中心、全国最大的数字节目内容媒体资

图 7-50　杭州华数白马湖数字电视产业园

源库、全国节目内容分发和运行中心、数字节目内容制作中心、信息数据中心、下一代广播电视网枢纽中心、国家数字电视开放实验室。

（2）项目难点　该项目临湖而建，地下水位较高，园内建筑以一条形态优美的树枝作为设计主题，通过树枝状的 2 层裙房把错落有致的 7 幢叶片状高层生产厂房连成一个整体，围绕着花瓣状的音频视频测试中心（H 楼），形成了极富特色的数字电视综合体。

因其产业的特殊性，华数白马湖数字电视产业园的大楼里面有很多重要的电子设备和设施，特别是地下一层的 IDC 机房，承担的是整个浙江省网络信息交换功能，全年里不能有一秒钟的中断，因此该项目对防水效果非常重视，要求也非常严格。

除此之外，该项目非常重视绿色生态，设计了大面积种植区，屋面的结构也设计为"花瓣"的形状，连廊和屋面周边都是异形部位，细部节点很多，更加大了防水施工的难度，经专家讨论最终在种植顶板选用 2.0mm 厚非固化橡胶沥青防水涂料和 4.0mm 厚 BAC 耐根穿刺防水卷材。

针对该项目难点，首先需要对结构层进行抛丸处理，然后在节点部位，如阴阳转角、穿结构管道、后浇带等部位增设防水附加层，以提高整体防水效果的可靠性。现场施工情况如图 7-51 和图 7-52 所示。

图 7-51　基层抛丸处理

图 7-52　节点加强

如图 7-53 所示为该防水工程项目大面完成实拍图。

图 7-53　大面完成实拍图

如图 7-54 和图 7-55 所示均为该项目施工六年后的实拍图。

图 7-54　施工六年后的实拍图（一）

图 7-55　施工六年后的实拍图（二）

如图 7-56 所示为目前此项目中长势良好的植物。

图 7-56　植物长势良好

3. 上海浦东新区国际品牌现代仓储基地项目

（1）项目概况　浦东新区国际品牌现代仓储基地项目位于上海市浦东新区浦东机场自贸区内，东临桃花源路，南侧为两江路，西至贡嘎路，北临黄龙路，基地面积为

80110.2m², 总建筑面积为 249918m²。

（2）项目防水设计 本工程为地下 2 层、地上 5 层建筑物，其中地上 1~2 层为物流仓储，3 层为大宗货物交易展示区，4 层和 5 层为办公区。地下室种植顶板构造做法见表 7-2，现场施工情况如图 7-57~ 图 7-60 所示。

表 7-2 地下室种植顶板构造做法

防水部位	防水做法
地下室顶板 （下部为使用空间）	80mm 厚 6~10mm 粒筋露骨透水沥青混凝土面层
	1.2mm 厚土工布过滤层
	30mm 厚成品塑料疏水层夹板
	120mm 厚 C20 细石混凝土保护层（内配 φ10@200 钢筋片，分缝 12mm 宽，设分仓缝纵横间距 6m，缝内嵌油膏）
	无纺聚酯纤维布（干铺）300g/m²
	4mm 厚高聚物改性耐根穿刺防水卷材
	2mm 厚非固化橡胶沥青防水涂料
	30mm 厚水泥砂浆找平层（内配 φ4@200 钢筋片，设分仓缝纵横间距 6m，缝内嵌油膏）
	120mm 厚 HF 硅微粉改性聚苯颗粒不燃保温板
	2mm 厚单组分聚氨酯防水涂料隔气层
	钢筋混凝土顶板，添加抗裂纤维（结构找坡）（基层抛丸）

图 7-57 隔汽层管根及阴阳角一布三涂加强处理

图 7-58　隔汽层完成面

图 7-59　非固化橡胶沥青防水涂料节点加强

图 7-60　涂料与卷材复合施工现场照片

4. 萍乡天悦·时光印象住宅小区项目

（1）项目概况　天悦·时光印象住宅小区项目位于江西省萍乡市上栗县彭高镇吴楚大道北侧，319 国道西侧，规划用地面积为 36894m²，总建筑面积为 102288m²，其中地上建筑面积为 71806m²，地下建筑面积为 30482m²。建设单位是萍乡市雅景房地产开发有限公司，总包单位是江西省鑫隆建筑有限公司。

（2）项目防水设计　在防水方面，该项目地下室底板采用科顺 1.2mm 厚 APF–D210 预铺丁基自粘 HDPE 防水卷材，地下室侧墙采用科顺 1.5mmAPF–5000 非沥青基强力交叉膜自粘高分子防水卷材，顶板采用柯瑞普智能贴防水系统，2mm 厚科顺 KS–520 非固化橡胶沥青防水涂料与 4mm 厚科顺 CKS 高聚物耐根穿刺改性沥青防水卷材（化学阻根）。

在顶板部位，考虑到上部的种植层长期存在水压力，若不及时将土壤中多余的水排走，单纯靠防水材料来防水，风险较大，故本项目采用防排结合的方式，在防水层的上部做防护虹吸排水收集系统。

防护虹吸排水收集系统以建筑物顶部平台为依托，通过对屋面各构造层次的优化重组和系统升级，以排为主，防排结合，从源头上解决种植顶板底层的滞水、植物缺氧、渗漏等问题，收集利用建筑屋顶汇集的地表径流，为绿化、景观水系提供水源，从而实现雨水资源化、集约化的利用（图 7-61）。

图 7-61　防护虹吸排水收集系统示意图

首先通过虹吸排水槽对种植顶板进行排水分区，满铺自粘土工布的防排水板，屋面雨水通过轻质营养土壤等基质层自然渗透后经过滤层反渗，不断通过防排水保护板导流，并经虹吸排水槽有组织地汇流至虹吸排水口。

根据设计图要求铺设，防护排水板的拼接采用专用丁基胶平缝黏结的连接方式，长边、短边平缝黏结。丁基胶带宽度为 400mm，土工布采用黏结的方式，长边黏结有

150mm 的宽度范围为排水板自带土工布，短板黏结宽度 300mm。顶板根据排水方向设置
虹吸排水槽形成分区有组织的排水系统（图 7-62）。

基面清洁处理

基层处理

裁剪无纺布加强层

节点及附加层处理

底涂处理

大面喷涂防水涂料

涂料与卷材复合施工

放线定位

铺设丁基胶带

铺设虹吸排水槽

铺设防护排水板

立面处理

透气管安装

观察井安装

回填土

图 7-62　现场施工照

5. 洛阳龙门站项目

洛阳龙门站是郑西高铁全线除郑州东站、西安北站外最大的高铁客运站，位于河南
省洛阳市洛龙区，是郑西高铁、郑登洛城际铁路、焦济洛城际铁路、洛平城际铁路及正
在规划建设中的呼南高铁等交汇的高铁枢纽站。在建筑设计和服务理念上，洛阳龙门站
采用的是"航空港、机场化"思路，内部采用通透、开敞、节能、环保、大空间、大跨
度、信息化、站棚一体化等设计，使用了当前一系列新技术、新设备、新工艺和新材料，
充分体现了现代化铁路客站的特征。站房内以服务人性化、自助化为目标，使用以信息
技术手段、自动化程度较高的旅客服务系统，从而改变传统的购票和服务旅客方式。

本工程车库顶板面积为 7 万 m^2，跨度大，找坡困难；若采用盲沟排水，依靠沟渠、
盲管进行排水，有效排水面积不大，且施工工序较多，经专家研究讨论最终选择科顺绿
洲虹吸排水系统，该系统可替代找坡层、保护层、找平层、隔离层，用虹吸排水层代替

传统排水过滤层，满足有关绿色节能的建筑标准。该系统首先通过虹吸排水槽对种植顶板进行排水分区，满铺高密度聚乙烯防排水保护板（自粘土工布），雨水通过轻质营养土壤等基质层自然渗透后再经过滤层反渗，不断通过高密度聚乙烯防排水保护板导流，并经虹吸排水槽有组织汇流至虹吸排水口，最后在汇流过程中因为管径的变化形成压力流（虹吸效应），达到高效排放的效果。本工程开始于 2019 年 8 月 19 日，结束于 8 月 28 日，仅用 10 天便保质保量地完成了 7 万 m² 的铺设。自开工以来，受到建设方的一致好评，真正地做到了延展建筑生命、守护美好生活的目标（图 7-63）。

图 7-63　洛阳龙门站项目现场施工照

7.2　屋顶绿化案例

1. 北京大学口腔医院门诊楼屋顶绿化

（1）项目概况　北京大学口腔医院（以下简称"北大口腔医院"）位于海淀区中关村

南大街 22 号，地处中关村高科技园区，隶属于北京大学口腔医学院，是一所集医疗、教学、科研、预防功能为一体的大型专科医院，日均门诊量达 2300 余人次，是目前国际上口腔专科医疗服务规模最大的口腔医院。新落成的门诊病房楼总建筑面积为 36200m²，地上 15 层，地下 2 层，建筑设计新颖、功能完善，该屋顶绿化项目于 2009 年 7 月由院方组织进行设计招标，设计范围为 2 层、9 层、10 层屋顶，总面积为 1277m²，允许荷载为 2.0kN/m²。

（2）项目设计　针对北大口腔医院的特点和建筑周围缺少活动场地的现状情况，本次屋顶绿化项目提出"应充分利用现有空间条件，营造植物丰富、优美和谐的园林景观，供前来就诊的病人游赏、休憩，同时，通过美化环境提升建筑品质"的总体设计要求。由于屋顶荷载不完全满足实施花园式屋顶绿化的条件，故在详细设计中，考虑应用合理的模式，如结构层材料、植物、铺装、小品、园林设施的选择与设置等，要兼顾安全、功能、经济、美观和生态五个方面。

另外，在设计招标投标时，甲方提出的部分设计要求，需要在设计中予以参考：

1）屋顶绿化设计、施工应对楼体进行保护。

2）防止发生患者跳楼危险。

3）2 层、10 层以俯视观赏为主，9 层可参观、游憩。

综合考虑甲方要求、屋面荷载、现状条件、景观效果与实用性等因素，结合医院这一特殊的单位性质，设计方案以"亲和自然、安全适用"为指导思想，并在详细设计中遵循以下原则：

1）以生态效益为主，景观效益为辅，渗透绿色、环保、节能的设计理念。

2）以植物造景为主，利用有限的空间展示生物多样性，体现植物种类和绿化景观的多样性。

3）通过屋顶绿化体现绿色建筑理念，展示屋顶绿化先进技术与良好的景观效果，提升建筑综合价值。

（3）设计方案（花园式）

1）现状分析：

① 9 层屋顶总面积为 534m²（图 7-64），整体为长方形，长轴南北向，短轴东西向；女儿墙高 1.6m；屋面现有间距不等分布的通气管 17 个。通气管的不规则分布形式和处理方式对设计提出较高的要求。

② 甲方要求设计为可进入式屋顶花园，故在景观设计中应兼顾鸟瞰观赏、游憩观赏、由建筑内部向外的立面观赏三方面。

图 7-64　9 层屋顶实景

③鸟瞰观赏视线主要来自建筑内10~14层的办公区、住院处病房，立面观赏视线来自建筑内10层，本层为手术室，在通向手术室的"阳光走廊"外即为屋顶花园，是医护人员手术准备的必经之路。

2）详细设计：

①9层的性质较为特殊，因允许开放使用，所以需要考虑为了防止病患接近屋面边缘发生安全隐患，故不再设置环形工作通道（图7-65）。

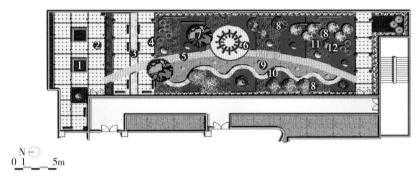

图 7-65　9 层屋顶花园设计方案平面图

1—树池　2—铺装　3—花带　4—通气口处理为座椅　5—园路　6—景亭　7—主景灌木
8—花灌木　9—草坪灯　10—花带　11—色块植物　12—常绿植物

②在女儿墙内加设1.8m高的金属网拍，采用攀援植物进行遮挡，这一虚空间的分隔手法，既能够缓解实体墙造成的压抑感，又为植物生长提供较好的支撑。

③通气口的处理是较为棘手的问题，为了避免其在铺装范围内影响通行，需要将这些通气口最大限度地包围在绿地中，因此根据其分布的位置，设计出折线园路、自然曲线园路、较大铺装面积结合景观柱收纳通气口的形式等多个方案草图，并经过多次修改、整合，最终选定当前"弧线版"的方案。

④设计方案在北侧入口区域保留了较大面积的铺装，便于人流集散；定制方墩、条凳两种木质坐凳外壳，内藏通气口，看似零散，但每两行中间镶嵌一道花池，就使得坐凳之间有了行列关系，显得紧密有致；由弧线园路自然引导至中心圆形小广场，将广场抬高一个踏步，并于一侧砌筑曲线小花池，这样通过三个立面层次提升，在空间上产生变换感；广场与园路铺装以不同的颜色区分、提示；继续沿园路前行，至南侧入口，又是一个放开的活动空间，设置树池，种植观赏灌木作为主景；整体上形成"放→收→放"的游赏韵律。

⑤9层屋顶花园观赏与游憩并重，设计中在双侧入口的小广场区域及园路单侧布置草坪灯，草坪灯选择太阳能产品，节能环保，在保证夜间照明的同时，使得花园夜景观赏效果别有情趣；添置体量轻盈的铁艺花钵、遮阳伞等园林小品及设施，便于移动和收纳，活跃花园氛围。

⑥屋顶花园建成效果如图 7-66 所示。

图 7-66　9 层屋顶花园景观照片

（4）施工技术

1）施工流程：为保证建筑结构安全、防水安全和植物成活，北大口腔医院屋顶绿化施工严格按照以下施工工艺流程进行：清扫屋顶表面→验收基层（蓄水试验和防水找平层质量检查）→铺设防水层→铺设隔根层→铺设保湿毯→铺设排（蓄）水层→铺设过滤层→铺设喷灌系统→绿地种植池池壁施工→铺设人工轻量种植基质层→植物固定支撑处理→种植植物→铺设绿地表面覆盖层（图 7-67）。

a）　　　　　b）　　　　　c）　　　　　d）

e）　　　　　f）　　　　　g）

图 7-67　施工流程示意图

a）铺设隔根层　b）铺设保湿毯　c）铺设排水层　d）铺设过滤层
e）基质层　f）种植层　g）种植效果

2）防水层应注意的问题：屋顶绿化要求防水性能高且耐久年限长，所以在工程施工前，必须经过蓄水实验并验收，及时补漏，必要时做二次防水处理。防水层的铺设需向建筑侧墙面延伸，应高于基质表面 15cm 以上。本次防水层选用 SBS 改性沥青防水卷材，不具有隔根功效，需要单独铺设耐根穿刺防水层。

在屋顶花园后期养护管理中，应及时清理枯枝落叶，防止排水口堵塞造成壅水倒流，危及植物生长和防水安全。

3）屋顶绿化种植构造层设计：根据北大口腔医院屋顶绿化的特点，种植构造层设置了隔根层、保湿毯、排（蓄）水层、隔离过滤层和种植基质层。种植构造层断面图和基层结构示意图分别如图 7-68 和图 7-69 所示。北大口腔医院屋顶绿化种植构造基层材料选择见表 7-3。

图 7-68　屋顶绿化种植构造层断面图

1—乔木　2—地下树木支架　3—与女儿墙间留出空隙，或使种植基质厚度低于防水层高度 15cm 以下

4—环形排水管　5—种植基质　6—过滤层　7—渗水管　8—排（蓄）水层　9—隔根层

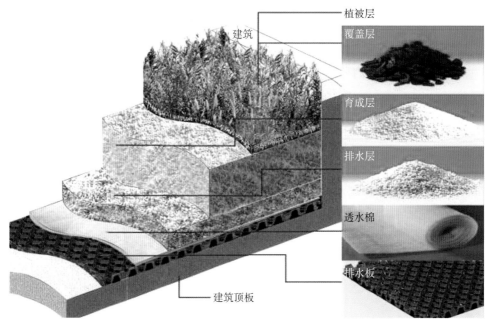

图 7-69　屋顶绿化基层结构示意图

表 7-3　北大口腔医院屋顶绿化种植构造基层材料选择

构造层	材料	主要指标	施工要点
防水层	SBS 改性沥青防水卷材	厚 4 mm	双层铺设
隔根层	HDPE 膜	厚 1mm	搭接宽度 500~1000mm
排（蓄）水层	PE 排水板	厚 25mm，蓄水 5kg/m²	对接
过滤层	长纤维聚酯过滤布	150g/m²	搭接宽度 ≥ 100mm
种植基质层	宝绿素	干容重 120kg/m³ 湿容重 450~650kg/m³	平均覆土厚度 300mm

4）树木固定技术：屋顶环境较地面风力大，且种植土层薄，因此在北大口腔医院 9 层屋顶绿化施工时，高度超过 1.5m 的树木都采用了地下金属网拍固定法。

具体固定方法是将金属网拍（尺寸为固定植物树冠投影面积的 1~1.5 倍）预埋在种植基质内；用结实且有弹性的牵引绳将金属网拍四角和树木主要枝干部位连接，绑缚固定，绑扎时注意对树木枝干的保护；依靠树木自身重量和种植基质的重量固定树体，防止倒伏（图 7-70）。

预埋金属网拍 ➡ 牵引绳与网拍四角连接 ➡ 地面覆土、压实
（网拍上加过滤布）　　并与地上枝干绑缚固定

图 7-70　树木固定技术流程图

屋顶绿化不同于地面绿化，屋顶花园是以建筑为载体，其设计构思、植物选择、小品布局和施工技术等受到建筑防水、建筑荷载等因素的限制，因此，必须处理好园林造景和建筑结构之间的关系。另外，相比地面绿化，屋顶绿化面积较小，设计时必须注重距离人视觉较近的空间的处理这对于施工质量要求更高。

2. 中国标准科技集团有限公司办公楼屋顶花园

（1）项目概况　中国标准科技集团有限公司（以下简称"中标集团"）办公楼屋顶花园工程是中标集团 2014 年至 2015 年期间非常重视的建设项目，此项目是改善办公环境、隔声降噪、营造绿色生态建筑的重要改造工程。此工程设计方案获得了 2016 年园冶奖设计类金奖，是低荷载特殊空间绿化的成功案例。

中标集团位于北京昌平区天通苑太平庄中一街，其办公楼是一栋 5 层建筑，局部楼层为 4 层。此次项目的屋顶花园范围是 4 层屋顶，总面积为 713.14m²，屋顶构筑物原有占用部分荷载，绿化施工前屋面荷载为 1.0~1.5kN/m²，是上人屋面。屋面排水为内外排水兼备，屋面防水是楼体外包装修时新做的防水，分别为 3mm 厚和 4mm 厚的 SBS 改性沥青耐根穿刺防水层。

（2）项目设计

1）设计要求。为充分彰显项目的特征，本项目景观设计以"现代手法、中式意境"为理念，通过简约的形体、材料本身的肌理、精致的细节、植物丰富的变化，营造新颖的、具有中式意境的园林。

2）设计主题。设计主题为"境"，即指。

①意境——神领意适：结合休闲聚会功能的半封闭式入口集散空间。

②雅境——清新雅致：结合休憩赏景功能的开放式空间。

③幽境——幽情怡然：主要以种植造景为主的自然景观空间。

④心境——境由心生：由特殊小品组成的园中点睛点题的景观节点。

3）设计方案。新中式设计风格的园林方正规整，典雅大方，并且讲究空间的层次和景观的步移景换。布局时，借用屋顶原有框架结构，设置景墙，利用迂回曲折的园路以及植物的高矮错落增加屋顶的层次感。屋顶周边一侧有高一层的建筑，另一侧是玻璃幕墙，屋顶上的出入口部分有方形框架结构，使屋顶形成一个半封闭半开放的规则式屋顶。屋顶花园的平面布局是建筑布局的延伸和展开。平面布局还要依据荷载及梁柱布局，如孤植景观的小乔木或灌木的种植点、种植池、坐凳、景墙、景观小品等构筑物的布置位置以及园路、广场铺装的位置等。根据屋顶各方面的条件总结出，本屋顶适合方整规则式的屋顶花园，业主单位也适合并且期望能够建成简洁大气的精品屋顶花园。新中式的设计风格较为符合本屋顶的设计定位（图7-71）。

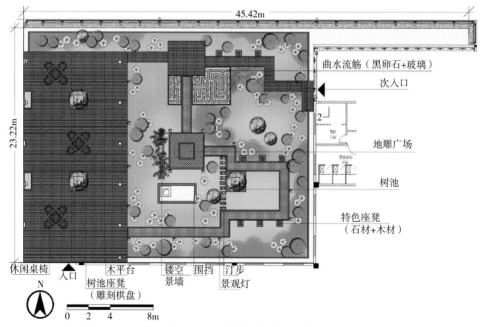

图7-71 屋顶绿化总平面图

屋顶中的特色设计有：

①曲水流觞。曲水流觞是全园的点睛之笔，其用玻璃砖和白沙砾石两种铺装材料的不同材质进行对比，互相衬托出彼此的特质。因为本屋顶荷载只有 1.0~1.5kN，不适合设置真实的水景，所以利用玻璃砖的质感来象征水，得以完成"曲水流觞"的主景，体现了文人墨客的儒风雅韵。境由心生，在此营造独特风雅的清思静心之所（图 7-72）。

图 7-72　曲水流觞

②特色景墙。特色景墙布置在屋顶中部，两处集散广场中间，有划分屋顶花园空间以及分隔使用功能的作用，同时也提升了屋顶花园的空间纵深感。除此之外，景墙还是丰富竖向设计的重要载体，是屋顶花园的视线焦点，所以更需要从景墙的每个细节上突出设计的主题和体现出设计风格。景墙用同木地板相称的木材建造，并雕刻精细的花纹，体现出新中式的设计风格（图 7-73）。

③雕塑灯箱。雕塑灯箱用与特色坐凳相同的石材建造，并进行镂空雕刻，雕刻花纹亦同特色坐凳。灯箱内衬为磨砂膜，夜晚灯光点亮时更加突显雕刻的花纹，漏出的灯光影影绰绰，营造出典雅唯美的气氛。此灯箱具有夜景照明、景观装饰、突显主题等多种功能（图 7-74）。

图 7-73　特色景墙

④坐凳。

a. 特色坐凳主要由木头和石材两种材料组成。石材上雕刻有新中式风格的中标集团的标志，将业主的标志、新中式的设计风格和屋顶花园协调统一，融合为一个整体。

b. 棋盘坐凳利用树池坐凳的顶面，放置有棋盘刻纹的大理石压顶。下棋能使人静心思考，有如此一处阴凉舒适、可片刻静思的放松之地，可使游者神领意适（图7-75）。

图7-74 雕塑灯箱

a）

b）

图7-75 坐凳

a）特色坐凳 b）棋盘坐凳

3. 西咸新区沣西新城管委会

（1）项目概况 西咸新区是我国首个以创新城市发展方式为主题的国家级新区，承担着探索和实践以人为核心的中国特色新型城镇化道路的历史重任，也被选为我国首批16个海绵城市试点之一，沣西新城作为西咸新区五大组团之一，位于西安、咸阳建成区之间，是西安国际化大都市综合服务副中心和战略性新兴产业基地。西咸新区成立两年多来，始终秉承"现代田园城市"建设理念，坚持以"对历史负责，做世界一流"的态度，高标准规划，大手笔建设，精细化管理，努力建设"品质沣西"；瞄准信息产业发展方向，率先在国内举起"大数据"旗帜，引入中国联通、中国移动、中国电信、陕西广电网络四大电信运营商；成功与微软公司合作，共同建设微软在国内规模较大、功能最全、孵化能力和产业带动能力最强的全产业链项目，建设全国首个大数据产业园区。沣西新城通过低影响开发、综合管廊、能源综合利用等先进技术广泛的应用，成为全省乃至西北地区的典范和标杆，被国家发改委、工信部授予"国家云计算服务创新发展试点示范区"，被陕西省发改委批准为"陕西省云计算高技术产业基地"。沣西新城已然成为打造海绵城市建设的先行样本，并提出了将绿色屋顶率作为低影响开发的主要控制指标之一。在沣西新城，传统的"工业园"将被着重创新与改造，并且被充满活力的城市区域所取代。沣西新城将成为一个适合居住、创业、学习、休闲的活力城市，为人们提供优质生活的沃土。

本项目是陕西省西咸新区沣西新城管理委员群楼屋顶的绿化项目，建筑屋面总面积为 5787.5m^2，可绿化的面积为 5223.3m^2。

（2）项目设计　本项目设计是以"山水乐活"为主题设计的屋顶花园，即"仁者乐（yue）山，智者乐（yao）水，行者乐（le）活"。整体设计是围绕现代生活、传统文化和生态城市三大背景设计的屋顶绿化。屋顶设计平面图如图 7-76 所示。

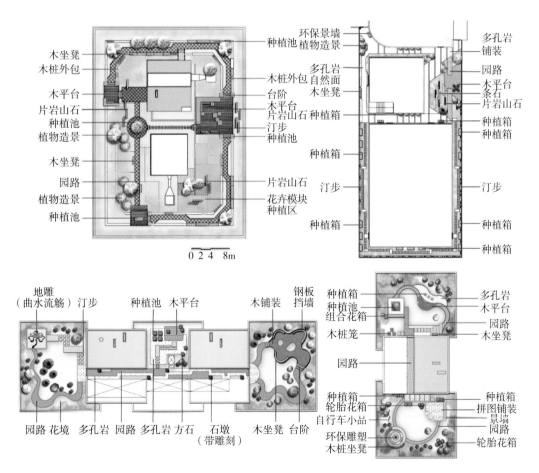

图 7-76　屋顶设计平面图

本设计集中展示适合屋顶绿化栽植的园林植物 53 种（图 7-77），利用低矮常绿植物、落叶植物、宿根花卉、地被植物进行搭配，并根据场地风格、主题内容进行设计；利用钢板围边做高差处理，减小屋顶荷载且简约环保；局部配植一些观赏性的草类植物，这样不仅具有优美的观赏性，也可营造一种自然的环境。本项目在分析建筑梁柱结构位置的基础上进行扩展设计，灵活组合应用覆盖式绿化、固定种植池等多种绿化形式，适当设置铺装、平台活动区，并配以丰富的植物种类。通过这些具有针对性的处理方法，在屋顶花园这种小尺度的绿化空间中，营造出精致、细腻的视觉感受。

图 7-77　植物精细配置

（3）低影响开发　作为打造海绵城市建设的先行样本，本项目提出了以绿色屋顶率作为低影响开发的主要控制指标之一，因为"绿色"屋顶在滞留雨水的同时还起到节能减排、缓解热岛效应的功效，这既能实现资源利用的最大化，也能发挥其生态效益的最优化。

1）种植土。　根据建筑荷载及本项目的需要，本次种植土选用改良土和人工轻量种植基质两种类型。改良土是在自然土壤中加入改良材质，减轻荷重，提高基质的保水性和通气性；其大面积采用 30% 多孔岩、60% 土、10% 有机肥的配比换填，局部试用 20% 多孔岩、60% 土、10% 椰糠、10% 有机肥。人工轻量种植基质由表面覆盖层、栽植育成层、排水保水层三部分组成。其干容重为 $1.2kN/m^3$，湿容重在 $4.5\sim6.5kN/m^3$ 之间。人工轻量种植基质具有不破坏自然资源、卫生洁净、重量轻、保护环境等作用。在正常状况下，有机基质截水量比无机基质截水量小，进一步推断，无机基质比有机基质截留雨水能力强，对于缓解城市雨洪现象作用更大。表 7-4 中为不同种植土性能指标对比。

表 7-4　不同种植土性能指标对比

理化指标	人工无机基质	普通有机基质	一般土壤
饱和含水荷重 / （kN/m³）	4.5~6.5，为一般土壤的 30%	约 12，为一般土壤的 60%	15~18
导热系数 / （W/cm·K）	0.046	0.35	0.5
排水速率 / （mm/h）	200	58	42

（续）

理化指标		人工无机基质	普通有机基质	一般土壤
有效水分 /%		45	37	25
种植土深 / cm	草坪、地被	10~20	30	30
	小灌木	30	50	50
	大灌木	50	90	90
	小乔木	70	120	120
内部孔隙率 /%		30	20	5
总孔隙率 /%		95	70	49

2）影响开发设施。

①截留雨水。屋顶绿化可有效截留雨水，缓解城市雨洪压力。研究结果表明，花园式屋顶绿化可截留雨水 64.6%；简单式屋顶绿化可截留雨水 21.5%。采用屋顶绿化可在排水工程中相应地减小下水管道、溢洪管及储水池的尺寸，节省建材费用。项目中与女儿墙间的空隙铺砾石，保护环形排水管；保留原有排水系统，原排水槽填充砾石，以利于排水板与排水槽的畅通，下水口处直接用砾石填至面层，不回填土，以便地表径流产生的雨水能够可顺利排走；利用电梯间与楼层之间的高度差实现雨水回用，外挂水箱作为雨水储存模块（图 7-78）。

a）　　　　　　　　　　b）

图 7-78　储水容器

a）隐藏式　b）装饰型

经调查咸阳地区降水量为 537~650mm/ 年，按平均降水量 600mm/ 年测算，花园式屋顶绿化种植基质厚度按 300mm，简单式按 100mm 计算。本项目屋顶绿化工程可截留雨水 1146.9t/ 年（表 7-5）。

表 7-5　屋顶截留雨水总量

序号	楼名	景观总面积 /m²	绿地面积 /m²	绿色屋顶率 / %	截留雨水 / (t/ 年)
1	8# 楼	1222.5	978.7	80.1	379.3
2	连楼	704.6	336.6	47.8	130.5
3	3# 楼	846	596.8	70.5	231.3
4	4# 楼	1163.8	751.9	64.6	291.4
5	10# 楼	1286.4	886.6	69	114.4
合计		5223.3	3550.6	332	1146.9

②滞尘。根据实验数据，无论简单式还是花园式屋顶绿化，其滞尘效果对照未绿化的水泥屋顶都极为显著；同时，花园式屋顶绿化在不同部位（高、中、低处）以及不同地块的绿化，其相对应的滞尘效果也存在着显著差异。该实验结果表明，在条件基本相同的情况下，乔灌草结合的花园式屋顶绿化滞尘效果远远优于单一植物品种的简单式屋顶绿化。根据屋顶绿化植物整个生长季节的滞尘结果分析，花园式屋顶绿化滞尘量平均为 12.3g/m²；佛甲草简单式屋顶绿化滞尘量平均为 8.5g/m²，由此推断，本次屋顶绿化工程可滞尘 40.3kg/ 年（表 7-6）。

表 7-6　屋顶年滞尘量

序号	楼名	景观总面积 /m²	绿地面积 /m²	绿色屋顶率 /%	滞尘量 / (kg/ 年)
1	8# 楼	1222.5	978.7	80.1	12.04
2	连楼	704.6	336.6	47.8	4.14
3	3# 楼	846	596.8	70.5	7.34
4	4# 楼	1163.8	751.9	64.6	9.25
5	10# 楼	1286.4	886.6	69	7.53
合计		5223.3	3550.6	332	40.3

建筑绿化作为新形势下绿色建筑及海绵城市构建的关键要素之一，应进一步提升其功能和技术。特别是作为源头控制，一方面屋顶绿化可缓解城市热岛效应，拓展城市绿化空间，丰富城市第五立面，另一方面也要通过技术手段，增强建筑屋面排蓄水功能，减少空中二次扬尘污染。这就给园林设计工作者提出更高的要求，即不仅要考虑意境、构成等传统设计手法，还要更加深入地探索与海绵城市相关的作用，如雨水径流量、种植土蓄水能力、净化能力、排水速率等一系列量化设计，与此同时，作为城市的第五立面，屋顶绿化设计还要通过园林要素实现现代空间感知与文化景观的对接与传承，真正做到在海绵城市建设中，屋顶景观设计与功能达到和谐统一。

4. 天津滨海高新区综合服务中心坡屋顶绿化项目

（1）项目概况　天津滨海高新区是天津滨海新区的重要组成部分，按照滨海新区的总体规划，将建成 21 世纪我国科技自主创新的领航区，世界一流的高科技研发转化基地，高端人才的聚集地和宜居的生态型城市。天津滨海高新区综合服务中心坡屋顶绿化项目位于扬北公路与汉港公路结合部的军粮城渤海石油生活基地内，占地面积 85 亩（1 亩 666.67m²），总建筑面积达 7.5 万 m²，总投资为 3 亿多元，是集研发、孵化、服务、行政许可办公为一体的综合服务体系。天津滨海高新区综合服务中心坡屋顶绿化是在行政大厅上部，工程建设期为 2009 年 4 月 27 日至 2009 年 6 月 30 日，项目总面积为 10600m²，整体坡屋面最宽的跨度为 104m，从上到下最长的坡距为 80m，坡度为 11.5°。

（2）项目设计　本项目在景观整体规划设计上引入"蓝精灵"的概念，寓意在未来的天津滨海高新区内，人们用比蔚蓝色天空还广博清净的胸怀，用比湛蓝色海洋还静谧深远的心灵，去创造、去开拓、去提升。

本项目就倒置式屋面增设 PRRM 耐根穿刺卷材、刚性防水保护层的设置、坡屋面排水结合防滑特殊设计、超轻量无机种植基质应用以及自动喷灌、草皮卷的品种、品质、规格都进行了系统评估，并就施工节点做了详尽分析比对，最终竣工成为当时国内最大面积坡屋面屋顶绿化的一个经典案例，属国内创新领先水平。该工程中应用的防水、保护层设置、防滑、排水、种植基质、灌溉等相关设计施工技术已成为《种植屋面工程技术规程》（JGJ 155—2013）以及《天津市建筑绿化应用技术规程》（DB 29—220—2013）编写的重要条款依据。

天津滨海高新区综合服务中心坡屋顶绿化自 2009 年 7 月初竣工至今已有 4 年时间，经历了多次强降水的滑坡考验。实践证明，绿茵景观选用 PRRM 耐根穿刺卷材、超轻量无机种植基质，以及应用排汇水、自动灌溉等系统的设计及防滑坡新措施，不但取得了荷载、防水、排水、防滑坡等总体安全的收效，也获得了景观简洁大气，与建筑风格相得益彰的视觉效果。同时草坪长势均匀，克服了传统有机基质生虫且斑秃问题，方便养护。使绿茵景观在建筑绿化系统集成技术方面处于全国领先创新地位，为绿色建筑在节能、节地、节水、增加绿量等设计施工方面积累宝贵经验。同时，更为天津滨海新区的生态建设增添一片绿色和生机。

（3）项目创新性

1）首先综合分析了天津滨海高新区综合服务中心坡屋顶小气候的气候环境，包括朝向、坡度以及汇排水情况。最初的防滑设计采用混凝土挡墙并配置大叶黄杨和金叶女贞色带。考虑到需与现代建筑简洁风格相和谐，同时也要与地面景观相结合，最后选择整体应用冷季型草坪，以突显建筑及地面景观。

2）其次，具体分析建筑节点做法。现场屋面为保温层在防水层上，属倒置式屋面，为达成保温效果，同时保证防水一级设防标准，在保温层上增设一道 PRRM 耐根穿刺卷材。同时为防止细石砂浆保护层滑脱，特设计为 80mm 厚 ϕ6mm，200mm×200mm 配筋混凝土防水刚性保护层。

3）为解决混凝土挡墙生根、荷重大以及植物长势不均匀等问题，坡屋面防滑设计在缺少材料和技术的前提下，既要节省材料及成本，又要保证长期稳固效果，最终防滑坡隔断采用 4000mm×145mm×25mm 防腐木做间隔 3m 的竖项支撑。防腐木板以坡屋面底部 80mm 高混凝土挡墙作支撑，两侧用膨胀塞间隔 500mm 锚固在 80mm 厚的配筋混凝土保护层上。横向防滑坡隔断采用 3100mm×220m×5mm 再生塑料板间隔 3m 进行铺设（图 7-79）。

4）考虑坡屋面单靠地表径流，难以缓解因集中强降水导致土壤出现超饱和状态进而产生滑坡隐患。尤其是该项工程坡屋面跨度长、坡度大，容易

图 7-79 坡屋面防滑措施

导致坡屋面下部汇水集中，故此，在间隔 3m 的防腐木支撑空间中，按倒鱼骨刺状铺设 30mm 厚 RCP-X30D 热熔聚丙烯渗排水片材至坡屋面底部汇水集中区域，连接铺设管径 80~100mm 的渗排龙，将水直接排到市政管井。

5）种植基质选用轻型无机种植基质。该种基质在饱和吸水时的重量约为 $650kg/m^3$，可大大减轻建筑结构的荷载及下重，另外，该人工土壤良好的排水速率也有效避免了泥土在强降水情况下因超饱和引发的滑坡，其粒度配置和粒子的多孔性，更可使草坪根系发育迅速，形成盘根错节的草垫层，大大降低滑坡概率。

6）自动灌溉结合草坪日后修剪养管的方便，选用了地埋式自动灌溉系统。结合坡屋面的水分径流因素，垂直坡向设置供水管道。同时结合整体大草坪的坡屋面，设计莲花式喷雾，作为景观动感及清凉一夏效果的补充。

7）该项目坡屋面朝南，太阳辐射强烈，由此，冷季型草坪选择的是耐热、抗逆性强的高羊茅品种，同时草皮卷选用两年生的类型，确保层面植物根系发达及其固着能力。

如图 7-80 所示为坡屋面竣工照片。

图 7-80　坡屋面竣工照片

7.3　墙体绿化案例

1. 北京联想总部室内植物景墙项目

本项目为北京联想总部的一处墙体绿化，应用了铺贴式墙体绿化中的水培式种植系统。由图 7-81 可以看到，因为项目仅为 $60m^2$ 的垂直种植墙，所以在种植范围内并没有搭

图 7-81　植物墙竣工照片

配太多的植物种类，仅选用了不到 10 种植物以避免形成太过杂乱的视觉效果。所选植物主要以绿色观叶植物为主，其中几处用紫色叶植物作为零星点缀。设计的亮点在于并未在正面墙体上全部铺满植物，而是在原有墙体上利用钢结构骨架重新搭建了新的仿真砖墙，植物的选择上也多为有较长茎枝的植物，以营造一种植物从墙内迸发而出的强烈冲击感。项目完工于 2018 年。

该项目运用板材防水的墙体防水方式，在金属支撑结构上铺设微发泡 PVC 防水板材，在防水板材上铺设 5mm 厚具有防水阻根功能的种植毯 4 层。种植毯上设置种植基质和植物（图 7-82、图 7-83）。

图 7-82　铺设微发泡 PVC 板与建筑墙体相隔一定距离

图 7-83　微发泡 PVC 板材上铺设种植毯

2. 上海外滩花墙景观美化改造项目

项目位于外滩陈毅广场和金融广场，总面积为 803m²。其景观设计遵循现代简约的设计风格，并提取简洁的线条打造景观空间，用艺术化的景观处理手法，增加景观层次、趣味性及连续性。设计以"千里江山图"为设计灵感，提取肌理，抽象演绎后，整个场地形成骨架造型。通过植物、花卉的排布和颜色设计来体现远近山脉、河流及四季节气的变化。同时设计团队还将上海市市花——白玉兰造型融入设计中，以独特的方式来体现上海文化和城市名片印象（图 7-84~ 图 7-86）。

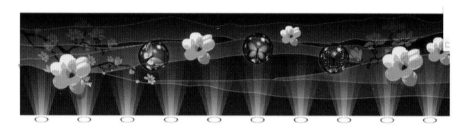

图 7-84　墙体绿化景观效果图

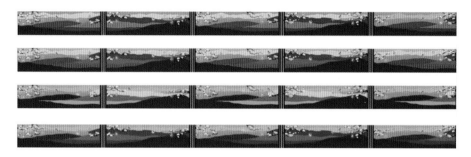

图 7-85　花墙四季效果示意图

图 7-86　墙体绿化竣工图

该项目运用卷材防水的施工方法，用易于施工且性价比高的聚乙烯丙纶高分子防水卷材作为防水材料，铺设在墙体基面上，完成后再铺保护层。最后，在此基础上搭设金属镀锌骨架和种植模块（图7-87）。

图 7-87　模块施工安装

值得一提的是为了增加游客的互动性，将全息投影影像技术与墙体绿化相结合。巧妙安置于垂直绿化墙上翩翩起舞的蝴蝶投影给夜晚的上海外滩带来不同的艺术感受，实现了装置艺术与垂直绿化的结合。与此同时为了保证视觉的连续性和美观性，将功能趋于更完善，设计师还在垂直绿化墙的前面增加花池，形成一处花墙隔离带，保护花墙设施（见图7-88）。

图 7-88　花墙竣工图

3. 西班牙圣伊莎贝尔广场绿墙咖啡厅

该项目地处西班牙埃尔切市中心，地理位置优越，周边遍布历史建筑。设计师以"隐形的建筑"这一构思角度出发，使该项目不与周围历史建筑争辉，用垂直墙体绿化的表现形式将咖啡厅、洗手间和储藏间包裹其中，其余公共空间留给室外的露台。整体墙体绿化面积为 150m²，但是其中的植物构成多达 3000 余种（图 7-89）。

图 7-89　外部实景图

该项目是用钢结构先搭建空间，使其固定在隔断墙上，墙面上再铺设硬质 PVC 防水板材和防水防穿刺毛毡。整体墙体绿化属于水培式立体绿化（图 7-90）。

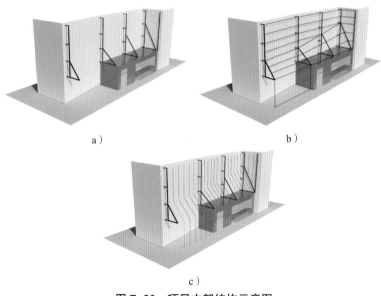

a）

b）

c）

图 7-90　项目内部结构示意图

a）钢结构基础固定于墙体　b）水平钢结构支架　c）垂直钢结构支架

7.4 综合案例

1. 南宁"建科苑"住宅小区立体绿化实践

（1）项目概况 "建科苑"住宅小区危旧住房改造项目于 2012 年 2 月获得了住建部颁发的二星级绿色建筑设计标识证书。项目用地位于南宁市西乡塘区北大南路 17 号，用地东面紧邻北大南路和北大桥，南面可见邕江，西侧与大坑溪景观绿化带相接，北侧为北际路。项目基地交通便利，与中心商圈保持一段舒适的距离，地理位置较佳。用地内原有 7 栋 6~9 层科研试验住宅楼，包括大板楼、复式住宅小康楼、混凝土空心小砌块楼等，经房屋安全鉴定机构鉴定为危险住房。为集约利用原有住宅用地，将 7 栋住宅楼、职工活动中心、建材实验室全部拆除，在用地内新建 4 栋 33 层大底盘塔式高层住宅，以改善职工居住条件和环境，解决职工住房困难，满足发展需求（图 7-91）。

图 7-91 项目用地原状照片

a）职工活动中心前休闲活动区 b）用地西北向外围环境 c）建材实验室门前绿化
d）楼间绿化停车区 e）楼间集中绿地 f）集中绿地及职工活动中心鸟瞰
g）原住宅楼屋顶及垂直绿化 h）主入口停车场

项目规划用地面积为 9989.63m²，总建筑面积为 95754.4m²，容积率为 7.82，建筑密度为 57.78%，绿地率为 34.75%，主要的技术经济指标见表 7-7。整个项目从 2010 年 6 月开始拆迁，2011 年 8 月完成施工图设计，2011 年 11 月动工建设，至 2014 年 8 月竣工验收并投入运营使用。项目按照二星级绿色建筑的要求进行规划设计，并在建设过程中加以适当的调整和不断完善，以充分实现绿色建筑的设计意图。

表 7-7 主要的技术经济指标

工程性质	住宅（含商业网点）建筑
工程投资	1.35 亿元
用地面积	9989.63m²
建筑面积	95754.4m²
住宅面积	71054.56m²
容积率	7.82
建筑密度	57.78%
绿地率	34.75%
结构形式	框架－剪力墙结构
居住户数	651 户

（2）项目设计　结合绿色建筑相关要求，本项目的设计重点及难点主要有：

1）用地紧张：用地面积为 9989.63m²，容积率达到 7.82%，建筑密度达到 57.78%，拆迁户达到 128 户。为满足大部分拆迁户户型组合要求，通过精细化设计，对不同的楼栋设计了各不相同的平面布局和户数安排，分别为：1#、2# 楼为一梯六户，3# 楼为 1 梯五户，4# 楼为一梯四户，共计 651 户，其中 90m² 以下占 23.81%，91~120m² 占 23.81%，121~144m² 占 52.38%。在有限的用地条件下，绿地率能达到 34.75%，是由于景观设计部门在设计阶段提前介入，提供了详细的绿化及园林设计图，根据绿化面积计算图，计算一层种植绿地、植草砖、地下室顶板覆土、2~3 屋面种植覆土，并根据《南宁市城市绿化工程绿地面积计算若干规定》文件中规定的当屋顶绿地覆土深度 D 满足 $60cm<D<150cm$ 时，折算系数取 $N=0.6$ 来计算项目的绿地率。

2）经经济分析比对后，需选择低成本的绿色建筑适宜技术：由于项目本身的特殊性，因此成本控制贯穿整个项目的建设过程，规划设计阶段提出的一些理想化的设计思路，需要在建设实践中不断调整和完善。

3）运营维护：项目自 2014 年 8 月竣工验收并投入使用后的一年零三个月的时间里，设计部门通过收集物业管理公司提供的运营费用数据，不断调试设备运营，收集用户意见，调整设计，完善设备的运营管理，达到更高效更节能的运营使用效果，并反馈经验以利于其他项目的借鉴参考。

项目从原貌到建设前期的拆迁、场地平整、施工准备、整个施工全过程的每个环节都用照相机记录下各个阶段的图片及具体记录时间，部分图片详见图 7-92~ 图 7-94。

2011 年，根据当时使用的《绿色建筑评价标准》（GB/T 50378—2006）要求，该项目达到设计阶段绿色建筑二星级的标准，其达标情况见表 7-8。

图 7-92　2008 年项目场地原貌航拍图

图 7-93　2011 年北大桥侧平整场地现场照片

图 7-94　2012 年基坑支护现场照片

表 7-8　绿色建筑设计阶段达标情况表

	一般项（共 32 项）						优选项数
	节地与室外环境	节能与能源利用	节水与水资源利用	节材与材料资源利用	室内环境质量	运营管理	
	共 8 项	共 6 项	共 6 项	共 4 项	共 6 项	共 2 项	共 6 项
达标	6	4	5	2	3	2	3
不达标	0	0	0	0	0	0	0
不参评	1	2	1	0	2	0	1
不选评	1	0	0	2	1	0	2

　　住宅小区项目设计阶段从国家标准要求的"四节一环保 + 运营管理"六个方面挑选了适合广西夏热冬暖地区气候、经济的绿色建筑适宜技术。

　　（3）建筑立体绿化技术　建筑立体绿化技术需适应广西气候类型多样，夏长冬短，雨、热资源丰富，且雨热同季的气候特征。项目总绿化面积约为 7100m^2。

　　立体绿化总体设计和布局如图 7-95 所示，其中，地面一层为停车场及住宅通道绿化；二层为景观平台和休闲活动场所，是景观绿化的设计重点，它位于四栋高层建筑的围合空间，住户俯视或平视，都有良好的视觉角度；三层为生态蓄水池；顶层为屋顶花园。

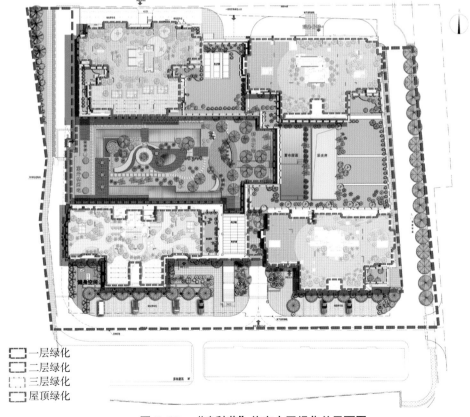

一层绿化
二层绿化
三层绿化
屋顶绿化

图 7-95　"建科苑"住宅小区绿化总平面图

立体绿化的分区设计内容如下：

一层绿化的设计面积约为 2834m^2，利用绿化将停车场、行车道和人行道进行合理分割，达到安全、舒适的人车分流。设计亮点是"立体绿化"，主要表现形式为：入口形象墙的垂直绿化及入口保安亭的棚架绿化（图 7-96）。在一层的路面上，能够清晰地看到建筑外立面的形象垂直绿化墙，它不仅是企业的标志（图 7-97），也是绿色科技的形象展示及绿色建筑的示范基地。建筑单元入口（图 7-98 为建设期土建花池与图 7-99 完工期花池实景图）结合 2$^\#$ 楼的光导管花池与 4$^\#$ 楼采光井花池、立体绿化的设计，合理布局，既生态隔热，又丰富了住宅区空间结构层次和建筑立体景观艺术效果，营造和改善住户的生态环境，美化了生活品质。

图 7-96 "建科苑"住宅小区入口保安亭实景图

图 7-97 企业标志垂直绿化墙实景图

图 7-98 "建科苑"住宅小区建设期土建花池

图 7-99 "建科苑"住宅小区完工期花池实景

　　二层绿化的设计面积约为 1816m²，由一层大台阶上到二层，台阶旁的垂直绿化墙（图 7-100）及垂吊而下的绿化景观映入眼帘。二层景观平台（图 7-101），平面上运用几何构图手法，将水景、亲水休闲平台、景观架空廊等景观元素结合，设计中对这一小型活动空间进行视觉上的扩展处理，将花园空间设计成露天的休闲场所，不附加任何人工痕迹明显的屋顶遮盖设施，以增强空间自然开敞的感觉，住户在高层住宅区也可欣赏园中景致。本项目位于江边，地下水位较高，从结构专业方面考虑整体抗浮，因此设计上把一层顶板梁上反，形成一个个树池梁格（图 7-102），这样既可满足结构需求，又实现景观在架空层种乔木的复层种植要求，排水考虑沿反梁壁安装 D160 套管中心标高同梁中心标高（图 7-103），树池采用专用种植雨水斗，集中排水，解决种植需求。宁静惬意的宅间庭院，体现出花园的实用性和观赏性。在二层的设计中，错落有致的场地格局、简约清晰的材质与植物配置构成了一个几何感极强的休闲空间，与近旁的大坑溪景观融为一体（图 7-104、图 7-105）。利用玻璃构造透光水池（图 7-106），水池可为楼下的停车场进行补光，而夜晚车库的照明则使水系交辉成光亮的"星河"。

图 7-100 "建科苑"住宅小区台阶旁的垂直绿化墙实景

图 7-101 "建科苑"住宅小区鸟瞰二层景观平台实景图

图 7-102　二层景观平台施工期土建树池

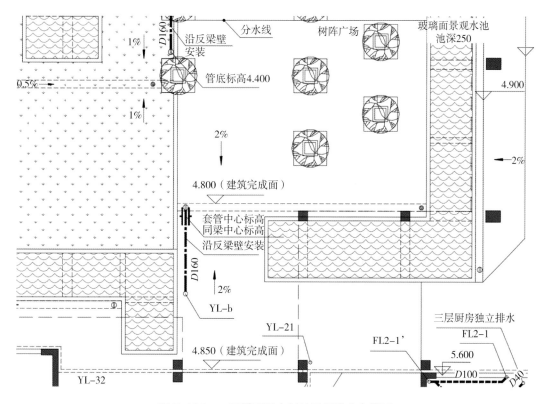

图 7-103　二层景观平台树池反梁排水套管图

图 7-104　二层景观平台实景图（一）

图 7-105　二层景观平台实景图（二）

图 7-106　二层景观平台玻璃构造透光水池

架空层绿化构造做法（由上至下）：

1）300~800mm 厚种植土。

2）聚酯土工布，四周上反 100mm 厚。

3）100mm 厚卵石排水（蓄）水层。

4）40mm 厚 C30UEA 补偿收缩混凝土防水层兼保护层，表面压光，混凝土内配 $\phi 4$ 双向钢筋，间距为 150mm，每 6m×6m 设缝，密封胶嵌缝。

5）干铺玻纤布一层。

6）高密度聚乙烯土工膜（HDPE1.5mm 厚）耐根穿刺层。

7）干粘 1.5mm 厚湿铺防水卷材（加筋增强）。

8）1.5mm 厚湿铺防水卷材（加筋增强）。

9）20mm 厚 1：2 水泥砂浆找平层。

10）钢筋混凝土结构屋面板，表面清扫干净。

三层绿化：设计面积约为 171m²。三层屋顶景观设计手法简洁，注重功能性布局。1#~4# 楼的三层、四层屋顶绿化景观面积约为 2279m²；三层、四层的屋顶花园采用简洁的园路，将有限空间进行合理的分隔，它既是坐享私密又可鸟瞰城市景观的绿色花园。眺望远景，邕江沿岸及周边的城市美景尽在眼前，成为为住户提供户外休闲的观景场所。

种植屋面构造做法（由上至下）：

1）300mm 厚种植介质（局部可堆高）。

2）聚酯土工布，四周上反 100mm 厚。

3）蜂窝型塑料保水排水格片 12mm 厚。

4）40mm 厚 C30UEA 补偿收缩混凝土防水层兼保护层，表面压光，混凝土内配 ϕ4 双向钢筋，间距为 150mm，每 6m×6m 设缝，密封胶嵌缝。

5）干铺玻纤布一层隔离层。

6）高密度聚乙烯土工膜（HDPE1.5mm 厚）耐根穿刺层。

7）干粘 1.5mm 厚湿铺防水卷材（加筋增强）。

8）1.5mm 厚湿铺防水卷材（加筋增强）。

9）C20 细石混凝土找平兼找 0.5% 坡，坡向水落口，随手抹平，最薄处 20mm 厚。

10）钢筋混凝土结构屋面板（表面清扫干净）。

（4）施工过程　施工注意问题：

绿地排水与场地排水结合，由外至内按 3%-5% 坡度放坡，采用自然排水的方式排水，将表面径流至附近设置的排水系统。屋顶花园的绿化种植施工前，必须确定绿化的阻根系统和排水系统已经完善。绿化种植土层以下的回填土密实度为 80%~85%。

绿化施工要求在挖穴时注意地下管线走向，遇到地下异物时做到"一探、二试、三挖"，保证不挖坏地下管线和构筑物，同时，遇有问题应及时向工程监理单位、设计单位及工程主管单位反映，以使绿化施工符合现场实际。

种植土一般要求：

1）种植土必须满足园林植物生长所需的水、肥料、气、热等肥力条件。

2）对有建筑垃圾混入、盐碱化、有害物质超标的土壤应采取客土、改良等措施。

3）对土壤质地过黏、过砂等不符合植物生长要求的种植土，要求在土壤改良后才可种植。

大树种植技术要求说明：

1）大树种植前：

①准备好各种机械设备、材料并确定种植方案、步骤及人员组织。

②按照大树的实际情况，挖掘好树坑，并先做部分排水设施，如埋透水管。

2）种植大树：

①机械设备起吊大树种植过程中应采取尽量避免损伤大树的相关措施。

②大树种植顺序：先垫底层中砂后吊入大树，然后一边填土团周边 300mm 厚的中

砂，一边回填混合种植土。

③大树种植树体要垂直，最好的视线方向需有最好的观赏面，以确保最好的景观效果。

④大树需用固定拉绳、角钢等材料做四个方向的防护处理。

⑤为确保大树成活，建议采用在大树上布设软管、喷雾喷头的方法喷淋，喷雾喷头要比树冠高，需用喷头数量因树而异，可依据具体情况合理布置喷头。

⑥对大树损伤的部位采用绿色油漆涂抹两道。

3）大树成活后：

①派专人进行护理，观察大树状态，如给水排水、病虫害、安全防护等情况。针对疙瘩树的不同情况采用具有针对性的养护方案。

②做好大树的遮阳工作，可采用搭建遮阴网的方法。

（5）小结 "建科苑"住宅小区是广西第二批危旧住房改造项目，通过项目建设实践，控制整个建设施工过程中的成本，土建、装修、景观一体化设计，不断调整和完善设计，更重要的是在后期运营管理的过程中，通过能耗监测数据采集，研究在广西夏热冬暖地区，亚热带季风性气候条件下，建筑节能与地域特色相融合，因地制宜地打造广西绿色建筑。

2. 民族风情街（南地块）项目（一期）海绵绿化实践

（1）项目概况 广西壮族自治区重大公益性项目片区民族风情街（南地块）项目（一期）是以广西铜鼓博物馆建设带动发展的城市街区项目，用地北侧为广西壮族自治区行政中心五象办公区，南侧为广西铜鼓博物馆、南宁市五象湖公园，西侧为片区广场，与广西文化街遥相呼应，地理位置优越。项目建筑风格以体现夏热冬暖地区的地域特色，呼应铜鼓博物馆历史文脉为主，依据地块上的规划，彰显广西多民族融合的人文风情。

该项目按《绿色建筑评价标准》（GB/T 50378—2014）绿色建筑三星级标准设计建造，将绿色建筑三星级技术落实到施工图设计，并在规划、设计和施工建造阶段应用了建筑信息模型BIM技术、碳排放计算、可调节外遮阳、太阳能光热系统与建筑一体化设计、海绵城市设计等技术措施。

（2）项目设计 项目规划注重城市和园区空间的变化节奏以及关联性，采用"点线面"的景观构架将"绿色"渗透进园区的每一寸土地。在民族街区块中央设计一条"线性的"南北贯通的"景观主脉"，为低层建筑住宅区和低层建筑办公区共享的公共绿地。对场地内部的办公区和住宅区既是一种空间上的区分，也是一种环境上有机的结合，景观主脉也是连接地块南北办公商业区的重要轴线，与若干东西向视线通廊一起编织形成一个张弛有度的"绿化脉络"，为整个区域提供氧气和绿意。在超过500m的景观主脉的放大区域，设计不同主题的公共休息节点，使得空间节奏富有变化，城市广场、亭台楼祠、凉台等带有传统集会活动场域符号的节点空间，使得景观主脉富有文化底蕴，用慢跑跑道和风雨廊桥连接各节点，使人们能参与到整个文化景观脉网中。在追求高密度、高容量和高效率的园区规划中，开辟出宜人的绿化场所。在线性景观与城市道路相接的商业广场和小区入口空间设计有标识性的"点"，以丰富沿街城市形象，如具有传统意象的铜鼓广场、鼓楼入口等。在高层住宅的架空层以及商业广场的商业屋顶等处布置有大片的绿化区域，以形成集中的、具有规模的面状景观（图7-107、图7-108）。

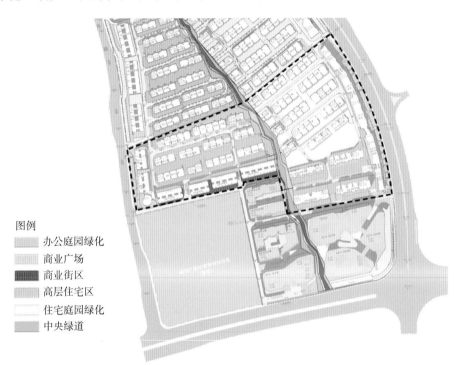

图例
办公庭园绿化
商业广场
商业街区
高层住宅区
住宅庭园绿化
中央绿道

图7-107　绿化总平面图

图7-108　绿化实景图

依据《南宁市海绵城市规划设计导则（试行）》《海绵城市建设技术指南》及相关规范要求，本项目总体目标为：

1）年径流总量控制率不低于 80%，对应设计降雨量为 33.4mm，目标消纳雨水量 $1479m^2$。

2）污染物削减率需达到 50%。

3）初期雨水污染控制指标：屋面为 2mm；广场路面为 3~5mm。

本项目海绵设计原则：

1）合理确定海绵化建设的控制目标和详细的开发控制指标。

2）充分考虑改造措施对现有环境的影响，拟定合理的改建地点，并制定合理措施，确保在工程建设期间和设备运行期间场地的安全性。

3）结合场地实际情况，因地制宜的设计"渗、滞、蓄、净、用、排"等工程措施，以高效、经济为主要原则，优先选用低成本、易维护的设施。

4）尊重自然，设计区域改造设施与周边环境相协调，风格统一，优先选用生态型设施。

5）加强雨水径流源头控制，合理制定以小规模的分散式源头生态控制技术为规划引导的开发模式。

6）尽可能减小不透水面积，使用"海绵城市"建设的相关技术对不透水面进行分割处理。

根据现场踏勘，结合本项目实际情况，本工程海绵措施主要采用：透水铺装、下沉式绿地、雨水花园、雨水回收、蓄水池等多种措施组合，来实现海绵城市建设工程总体控制目标（图 7-109）。

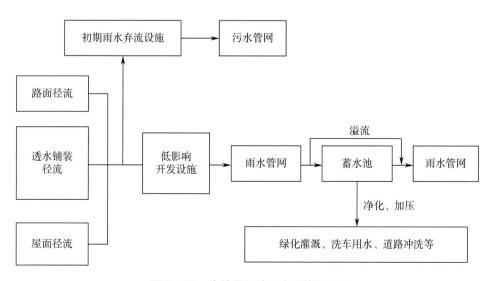

图 7-109 海绵化设计雨水系统流程图

（3）海绵城市、绿化种植设计　现状分析：南宁市地处北回归线以南，受海洋气候调节，属亚热带季风区，夏长冬短，春秋两季气候温和，阳光充足，雨量充沛，少霜无雪。夏季潮湿，而冬季稍显干燥，干湿季节分明。南宁年均降雨量达1283.2mm，年蒸发量为944.5mm，降雨量一般集中于4~9月，约占全年降雨量的80%。

在钻探深度范围内的地下水主要类型为松散岩类孔隙水，赋存于表层素填土中，初见水位基本上位于素填土中下部。勘察测得稳定水位埋深7.00~14.10m，相应于标高94.81~111.49m，主要接受大气降水补给，其水位受季节影响变化较大，水量较小，透水性不均匀，部分钻孔在施工过程或施工后慢慢往孔底下渗，无统一水位。

项目场地整体地势西及西北高，东南低，最高点场地标高为120.3m，最低点为东南侧地下车库出入口，场地标高为101.2m。

详细设计：本项目海绵城市主要工程量为下沉式绿地面积9217.4m^2，雨水花园面积362m^2，两套雨水回收利用系统回收面积分别为260m^{3}和180m^3，透水铺装面积17663m^{2}等。

1）下沉式绿地。下沉式绿地设置下沉200mm，溢流口顶部垂直距离地面100mm，蓄水高度为100mm，下沉式绿地有效蓄水面积为9217.4m^2，则可最大滞蓄雨水量为1190.2m^3。

海绵设施种植土采用壤土或砂质壤土，厚0.6m，其中壤土的细砂占20%，其余的为种植肥土（其中腐殖肥含量占30%，表层土占70%）。土壤的平均粒径不宜小于0.45mm，磷的浓度宜为10~30ppm，渗透能力不小于2.5cm/h。下沉式绿地种植的植物应选用耐旱、耐淹、抗性强的乡土植物。如图7-110所示为下沉式绿地处理流程图。

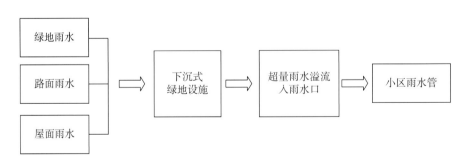

图7-110　下沉式绿地处理流程图

如图7-111所示为下沉式绿地实景图。

图 7-111　下沉式绿地实景图

2）雨水花园。雨水花园设置下沉 400mm，溢流口顶部垂直距离地面 100mm，蓄水高度为 300mm，雨水花园有效蓄水面积为 362m²，则可最大滞蓄雨水量为 118.9m³。由于雨水花园为种植土壤，故渗透能力不小于 2.5cm/h（即 0.00000695m/s）。雨水花园种植的植物应选用耐旱、耐淹、抗性强的乡土植物。如图 7-112 所示为雨水花园做法详图，图 7-113 所示为雨水花园实景图。

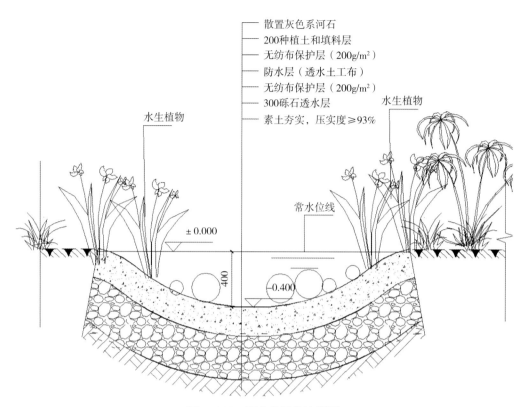

散置灰色系河石
200种植土和填料层
无纺布保护层（200g/m²）
防水层（透水土工布）
无纺布保护层（200g/m²）
300砾石透水层
素土夯实，压实度≥93%

水生植物

水生植物

常水位线

±0.000

400

−0.400

图 7-112　雨水花园做法详图

图 7-113　雨水花园实景图

3）雨水回收利用系统。本项目拟设置两套雨水回收利用系统分别为雨水回收系统 C（260m³）、雨水回收系统 B（180m³），雨水回收系统 C 设置于 C 区东侧生态停车场下，雨水回收系统 B 设置于 B 区西侧生态停车场下，两套雨水回收利用系统均回收雨水用于绿化灌溉、道路浇洒、洗车用水。如图 7-114 所示为雨水回收利用系统流程图。

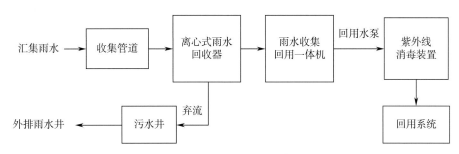

图 7-114　雨水回收利用系统流程图

如图 7-115 所示为雨水回收利用系统，表 7-9 为雨水回收利用系统主要工艺设备一览表。

图 7-115　雨水回收利用系统实景图

表 7-9　雨水回收利用系统主要工艺设备一览表

序号	名称	型号及规格	单位	数量	备注
1	离心式雨污分流装置	WFQ150	套	1	
2	RSBR 雨水收集净化器	3200XL12500mm	座	1	
3	雨水蓄水池	320XL12500mm	座	1	
4	雨水回用池	3200XL8000mm	座	1	
5	精密过滤装置	过滤精度 1mm	套	1	
6	过滤滗水器	过滤精度 180μm，过水量 50m³/h	套	1	
7	排污泵	Q=35m³/h，H=15m，P=2.2kW	台	1	一用一备
8	回用提升泵	Q=15m³/h，H=35m，P=4kW	台	1	一用一备
9	紫外线消毒设施	PXG-UV-15TC200 W	套	1	
10	管道阀门及配件	配套	批	1	
11	静压液位控制装置	DK-2	套	1	
12	电气控制柜	室外不锈钢防雨型，手动、自动控制配套	套	1	
13	线缆	配套	批	1	

　　4）透水铺装。本项目透水铺装主要为透水砖，其面积为 17663m²，占硬质道路、广场面积 58.8%。如图 7-116 为透水铺装实景图。

图 7-116　透水铺装实景图

5）屋顶花园（草坪式）。B区屋顶铺设佛甲草，B区可绿化面积为874m²，实际绿化面积为828m²，绿化比例为94.7%。屋顶花园种植土按30cm厚计算，共使用249m³，配比为树枝腐殖土∶泥炭土∶陶粒=7∶1∶2。如图7-117所示为屋顶绿化剖面图。

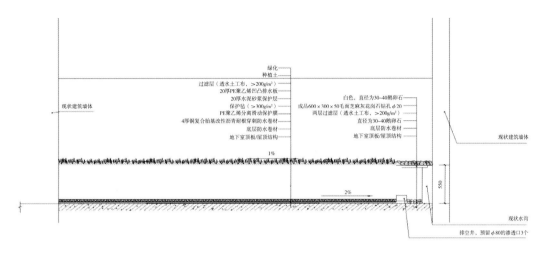

图7-117 屋顶绿化剖面图

种植屋面构造做法（由上至下）：

①轻质种植基质（平均厚度为600mm）。

②聚酯针刺土工布一层（200g/m²），四周上反100mm。

③20mm厚凹凸形排（蓄）水板，凸点向上。

④40mm厚C20细石混凝土，分格缝间距不大于6m，缝宽20mm，建筑密封膏嵌缝，混凝土内配筋 φ4 双向中距150mm

⑤0.3mm厚聚乙烯薄膜隔离层。

⑥阻燃型挤塑聚苯乙烯保温隔热板（B2级）厚度详据各子项节能计算。除C区高层C2~C5为40mm厚（计算厚度为30mm厚）外，其余为50mm厚（计算厚度40mm厚）。

⑦1.5mm厚耐根穿刺CPS-CL反应黏结型高分子湿铺防水卷材。

⑧1.5mm厚CPS反应黏结型高分子湿铺防水卷材。

⑨细石混凝土找坡层（最薄处）20mm厚（根据各子项找坡需要增设此层）。

⑩现浇钢筋混凝土屋面板，随浇随抹平。

6）架空层景观绿化。利用C区高层建筑的架空层空间进行景观设计，设置不同活动区、休息庭园等空间（图7-118）。

图 7-118 架空层实景图

（4）施工技术

1）管材与接口：室外污水及雨水排水管采用环刚度为 S8 的硬聚氯乙烯波纹管，橡胶圈接口。

2）管道敷设：

①管道应敷设在原状土地基或经开槽后处理回填密实的地基上。

②各种管道在施工前，应对城市接管点的阀门井、检查井的标高和管径进行实地复测。如与施工图标高不一致，应通知设计院进行管道高程调整后，才可施工。

③排水管道与生活给水管道相交时，应敷设在生活给水管道的下方。排水管道的铺设不得出现无坡、倒坡现象。

④两检查井之间的管段的坡度应一致。如有困难时，后段坡度不应小于前段管道坡度。

⑤排水管道转弯和交汇处，应保证水流转角等于或大于 90°，但当管径小于 300mm 时，且跌水高度大于 0.30m 时，可不受此限。

⑥非车行道管下的支管，管顶覆土深 0.7~2.0m，管径 $D < 600$mm。

3）管道施工、开挖要求：

①埋地管道的开挖、回填和管道基础等按《埋地塑料排水管道施工》（04S520）、《混凝土排水管道基础》（04S516）等规范的相关规定进行施工，并按《给水排水管道工程施工及验收规范》（GB 50268—2008）的相关规定进行验收。

②管道基础应铺设在良好原状土层上，如为刚性接口，其地基承载力特征值 f_{ak} 不得低

于 80kPa；如为柔性接口，其地基承载力特征值 f_{ak} 不得低于 60kPa，否则应进行地基处理。

③当采用机械开挖管道沟槽时，应保留 0.20m 厚的不开挖土层，该土层用人工清槽，不得超挖，如若超挖，应进行地基处理。

④地面堆积荷载不得大于 10kN/m²。

⑤地基土被扰动，应采取如下处理措施：

a. 若扰动深度在 150mm 以内，可原状土夯实，压实系数 > 0.95。

b. 若扰动深度在 150mm 以上，可用 3:7 灰土、卵石、碎石、毛石等填充夯实，压实系数 ≥ 0.95。

⑥检查井与管道连接处采用 1:2 防水砂浆，砂浆要饱满，以提高防渗效果。

⑦沟槽开挖放坡系数按地勘报告及施工方施工工艺确定。深度在 5m 以内的沟槽边坡最陡坡度见表 7-10，深度大于 5m 的沟槽放坡由结构专业另行处理。沟槽开挖具体要按《给水排水管道工程施工及验收规范》（GB 50268—2008）执行。

表 7-10　深度在 5m 以内的沟槽边坡最陡坡度

土的类别	边坡披度（高:宽）		
	坡顶无荷载	坡顶有静载	坡顶有动载
中密的砂土	1:1.00	1:1.25	1:1.50
中密的碎石类土（填充物为砂土）	1:0.75	1:1.00	1:1.25
硬塑的粉土	1:0.67	1:0.75	1:1.00
中密的碎石类土（填充物为黏性土）	1:0.50	1:0.67	1:0.75
硬塑的粉质黏土、黏土	1:0.33	1:0.50	1:0.67
老黄土	1:0.10	1:0.25	1:0.33
黏土（经井点降水后）	1:1.25	—	—

4）管道验收：室外排水管的试水要求，应按《给水排水管道工程施工及验收规范》（GB 50268—2008）进行；排管道交付使用前，应按《给水排水管道工程施工及验收规范》（GB 50268—2008）的要求，对管道进行通水试验。

5）施工安装注意事项及验收规范：

①种植土要求：如果原始土壤满足渗透能力大于 1.3 cm/h，有机物含量大于 5%，酸碱度 pH 值为 6~8，阳离子交换能力大于 5m eq/100g 等条件，则下沉式绿地等低影响开发设施中的种植土壤尽量选用原始土壤，以节省造价。对于不能满足条件的，应换土。

对于需要换土的，土壤一般采用 85% 粗砂，10% 左右的细砂，有机物的含量为 5%，土壤的平均粒径不宜小于 0.45mm，磷的浓度宜为 10~30ppm，渗透能力不小于 2.5cm/h（图 7-119）。

下沉式绿地等低影响开发设施中的种植土壤厚度一般不宜小于 0.6m，不宜大于 1.2m。

②回用水管及接口处应设置明显的非饮用水标志。严禁回用水管道与饮用水管道连接。

下沉绿地填砂　　　　透水管　　　　　放线　　　　　压实、整平

滴灌电池阀　　　　　无砂大孔混凝土　　　　压实度、钻心、触擦检测

图 7-119　建设过程

（5）维护管理　海绵设施维护管理方法及要求：

1）海绵设施维护管理应建立相应的管理制度。工程运行的管理人员应经过专门的培训上岗。在雨季来临前对雨水利用设施进行清洁和保养，并在雨季定期对工程各部分的运行状态进行观测检查。

2）防误接、误用、误饮的措施应保持明显和完整。

3）雨水入渗、收集、输送、储存、处理与回用系统应及时清扫、清淤，确保工程安全运行。

4）严禁向雨水收集口倾倒垃圾和生活污废水。

5）所有的种植植物维护应满足景观设计维护的要求。

6）蓄水池应定期清洗。蓄水池上游超越管上的自动转换阀门应在每年雨季来临前进行检修。

7）处理后的雨水水质应进行定期检测。

8）雨水花园等海绵设施维护管理：

①当植物定植后，为了阻止杂草的生长，保持土壤的湿度，避免土壤因板结而导致其渗透性下降，需要给雨水花园覆盖 5cm 左右的覆盖物，最好选择高密度的材料，如松树杆、木头屑片和碎木材。

②将几块砖头或一些石块放入入水口能有效降低径流系数，防止雨水对花园床底的侵蚀。

③最初几周每隔 1 天浇 1 次水，并且要经常去除杂草，直到植物能够正常生长并且形成稳定的生物群落。

④在几次降雨或一次强降雨后需检查雨水花园的覆盖层及植被的受损情况，如若受损则应及时更换。

⑤沉积物会在表面积累，阻止雨水下渗，因此要定期清理雨水花园表面的沉积物。

⑥检查植被生长状况，防止过度繁殖，定期修剪生长过快的植物，去除影响景观效果的杂草。

⑦检查植物以预防病虫害。如果植物有病虫害迹象，应及时将其移除，以防止感染其他物种。

⑧根据植物需水状况，适当对植物进行灌溉。

⑨每年春天剪掉枯死的植物枝叶。

如图 7-120 所示为滴灌电磁阀检查维护。

绿化养护方法及要求：绿化养护管理时间为一年（或由建设单位确定），即从所有绿化种植全部完成并进行初检合格后起计时间。养护期内，应及时更新复壮受损苗木等，并能按设计意图，以及植物生态特性及生物学特性科学养护，保持丰富的植物景观层次和群落结构。

1）追肥：主要追施氮肥和复合肥（主要成分 N：P：K=15：15：15）。草地追肥多为氮肥，在养护期内，按面积计算每月每平方米用 50g（分 2~3 次）尿素做追肥，可撒施或水施；花木和乔灌木最好施用复合肥，花坛每平方米每月用 100g（分 2~3 次）左右，灌木每株每月 25g 左右，乔木每月每株 150g 左右。施用时的具体用量可由施工方案依具体情况而定。

图 7-120　滴灌电磁阀检查维护

2）抹不定芽及保主枝：乔木成活后萌芽不规则，这时应该在设计枝下将全部不定芽抹掉，在设计树形内则依设计造景要求去掉枝干上的萌芽。灌木则依据造景需要去留新芽或修剪，以利形成优美树型为准。

3）屋顶佛甲草养护要求。

①施肥：植物生长较差时，可在植物生长期内按 30~50g/m² 的比例，每年施 1~2 次长效复合肥。施肥应均匀，淋水应透彻。

②浇灌：浇水时应用洒水龙头淋透，防止用水柱直接冲击草苗及基质。

如图 7-121 所示为植物配置实景图。

图 7-121　植物配置实景图

（6）小结　"民族风情街（南地块）项目（一期）"项目位于南宁五象新区，要求高标准、高质量建设，立项时确立了三星级绿色建筑建设目标和年径流总量控制率不低于80% 的海绵设计要求以及建筑与广西铜鼓博物馆等周围文化、公共场所文脉呼应等高质量目标。设计上，建筑布局顺应场地高差，取法广西山地聚落传统布局；建筑与景观相结合，通过底层架空、屋顶绿化、垂直绿化平台、露台、庭院、天井、外廊等建筑形式，打破建筑内外空间界限，开拓景观视野，丰富活动空间，提高建筑生态的宜居性；外部景观界面向场地内渗透，临景区一侧每层设置平台和廊道，且两排办公低层建筑之间设置视线通廊，以借景五象湖公园；海绵设施与绿化相结合，增加透水面积比例，在节水净水的同时带来更多生态绿色。

第8章 建筑绿化漏水检测及治理方法

8.1 建筑绿化漏水情况分类及原因

建筑绿化是指利用城市地面以上的不同条件所做的绿化，它很好地将绿化与建筑做了有机整合。建筑绿化包括屋顶绿化与垂直绿化。屋顶绿化是在各类建筑的顶部，如天台、露台、阳台上进行绿化。垂直绿化是在立体空间上，将植物攀附或固定在建筑立面处，在建筑表面形成垂直面的绿化，植物墙是垂直绿化的主要表现形式。

建筑绿化可以降低建筑物周围微环境的温度，提高空气相对湿度，改善空气质量，降低噪声危害，从而缩短建筑物通过自然通风降温的时间，改善室内空气质量，降低建筑物能耗，减轻"城市热岛效应"。

8.1.1 屋顶绿化渗漏水情况分类及原因分析

1. 背水面结构裂缝渗水

混凝土结构产生裂缝是由多种因素共同作用引起的，如混凝土在逐渐散热和硬化的过程中，会导致其体积的收缩，产生收缩裂缝；混凝土在水化过程中要释放一定的热量导致内外温差较大，则形成了温度裂缝；同时，建筑物后期的不均匀沉降也会导致沉降裂缝的产生，当屋顶绿化覆土层含水量较大时就会通过这些贯穿性的裂缝渗水。

2. 变形缝渗水

变形缝两端为砖砌泛水，回填时覆土层在回填压实过程中反复挤压，导致变形缝砖砌泛水挤压变形，防水层拉裂、金属盖板松动，导致积水渗漏；另外，由于变形缝在施工完成后未在两端泛水设置隔离缓冲层，后期保护层、回填层的应力会挤压变形缝两端泛水，长久往复如此会造成泛水根部开裂，防水层破坏，积水沿裂缝处渗漏至室内。

3. 节点薄弱部位渗水

钢筋混凝土女儿墙为二次浇筑，施工缝未凿除混凝土余浆，清理不干净，容易引起渗漏。

砌体女儿墙与屋面板间或板头处未粘贴防裂镀锌钢丝网且收头不符合规范要求，起鼓、开裂，压顶无明显滴水处理等情况下均易引起渗漏。

女儿墙泛水处的平立面未做附加层及保护层，涂料防水层未做增强层，防水层老化破坏等易引起渗漏。

檐沟、天沟屋面的防水构造处理不符合规范要求，所有高低跨、沿墙四周的泛水高度低于屋面完成面的高差小于 250mm 时，易引起渗漏。

屋面使用中增加设备支架等，破坏了原防水层会出现渗漏；水落口、排气管根部防水密封有缺陷，会引起渗漏。

屋面排水口及管道被植物腐叶或泥沙等杂物堵塞，会造成屋顶积水和漏水。

4. 防水层遭到破坏或施工不规范而导致渗水

草类植物的根系相当发达并且穿透力较强，导致其根系穿透防水层，甚至结构层，从而使整个屋面系统失去作用，同时耐根穿刺防水层材质不符合规范要求也会导致渗水。

屋面防水层泛水未能超出种植土高度 250mm，屋面防水层施工完成后，未及时施工防水层，对防水层进行保护，以及防水层老化破坏均会引起渗漏。

种植屋面未按Ⅰ级设防设置两道防水，或二层相邻防水材料材性不相容，不能有效地形成复合防水层，即使做了二道防水但不是相邻复合；防水卷材长、短边搭接长度达不到 100mm，且搭接不密实等情况容易造成渗水。

8.1.2 垂直绿化渗漏水情况分类及原因分析

垂直绿化渗漏水通常表现为垂直绿化墙面渗水。其常见的渗水部位有：小型砌块外墙在混凝土梁下、楼板交接处出现开裂及渗漏；外墙面出现竖向通缝开裂，转角处开裂渗漏；外墙不同材料交接处出现开裂，导致渗水。

原因分析：

1）小型砖块外墙与混凝土结构墙、柱未设置拉结筋，或拉结筋黏结强度不够，未按设计设置热镀锌电焊网，外墙组砌方式不符合规范要求，出现同缝。

2）小型砌块外墙砌体砌筑过早，灰缝砂浆沉降后，梁下交接处出现裂缝。

3）抹灰层与基层黏结不够牢固，导致脱层、空鼓、开裂。

4）基层干燥，界面处理不当，抹上去的砂浆层由于基层大量吸收其水分，致使砂浆过早失水，导致抹灰开裂、空鼓。

5）抹灰过厚，没有按规范要求增挂加强金属丝网，没有按要求分层抹灰，砂浆层由于内湿外干而引起表面干缩裂缝。

8.2　常用漏水点检测方法

8.2.1　红外热像仪检测方法

红外热像仪是把物体所辐射的不可见红外辐射能量转换成可见的温度场图像，并利用具有明显温度信息的红外影像图表示出来。在一定的外界条件下，红外热像仪可通过检测建筑物表面的辐射温度，根据其形成的红外热像特征，来分析建筑内部是否存在缺陷及其位置和大小。由于防水工程缺陷中存在的水与周边的环境会出现温度差异，因此可采用红外热像法来判断防水工程中是否存在缺陷及辨别缺陷的位置。

8.2.2　红外热像法检测原理

红外热像仪是利用红外探测器和光学成像物镜接收被测目标的红外辐射能量并将其反映到红外探测器的光敏元件上，从而获得红外热像图，这种热像图与物体表面的热分布场相对应。红外热像仪就是将物体发出的不可见红外能量转变为可见的热图像的仪器。热图像上面的不同颜色代表被测物体的不同温度，用暖色和冷色表示温度高低，或者用亮白表示温度高，暗黑表示温度低。墙体结构有很大的热容量，对于以混凝土为主体的结构，当外墙的表面温度比主体温度高时，热就从外墙表面传到主体中，当外墙的表面温度更低时，热就由里传到外。如果墙体饰面材料有剥落、空鼓，外墙和主体之间的热传导就会变小。因此，当外墙表面从日照或外部升温的空气中吸收热量时，有空鼓层的部位温度变化比正常情况大。通常，当暴露在太阳光或升温的空气中时，外墙表面的温度升高，剥落部位的温度比正常部位的温度高；相反，当阳光减弱或气温降低，外墙表面温度下降时，剥落部位的温度就比正常部位的温度低。

由于空气的热导率远低于瓷砖、砖块、混凝土等建筑材料，因此当热流从表面进入建筑物饰面层时，即会在"空鼓"等缺陷部位受到空气阻挡发生"热堆积"，使该处的红外热像呈"热斑"等特征。由红外热像"热斑"出现的部位、持续时间等特征推知存在饰面砖黏结质量问题的区域范围。相反，当结构体存在潮湿或积水情况时，红外热像产生"冷斑"特征，并通过"冷斑"特征推知存在饰面砖渗漏的区域范围。

8.2.3　红外热像法的适用范围

红外技术常应用于无损检测领域，是因其能远距离测量温度，该方法具有非接触、远距离、实时、快速、全场测量等优点，在这些方面其他的无损检测方法是无法跟它相比的。红外线通过非接触地对外墙进行大面积检测，并可将检测结果以图像的形式直接

157

呈现和记录。检测结果通过解析热像图可进行高精度分析,这方面也是其他检测方法所不具备的。由于是非接触,因此它不需要像敲击法那样在建筑场地架设脚手架、吊船等辅助工程,而是可在较短的时间内完成大面积的检测任务,且只需要少量工作人员就能完成,工作效率很高。

从剥离部和正常部产生温差的热源来讲,由于基本上依靠日照、外气温变化等自然现象,因此,检测结果的图像清晰程度与准确性受气候影响较大,所以并非任何时候都可以进行检测,若无日照及外气温变化促使空鼓渗漏部和正常部之间产生大的温差,也就无法进行检测了。另外,墙面和摄影位置之间如果有物体遮挡,则像这样被遮挡的部分也无法检测。

红外热像仪采用高灵敏度的红外探测器,为了避免影响图片质量,需对拍摄环境和条件提一定的要求,如仪器使用的天气环境宜在 -5~40℃,湿度 ≤ 90%RH,且无雨、大风、结露。设备要求工作波长为 8~14μm;分辨温差 ≤ 0.1℃;红外像元素为 ≥ 240×320 位;测温准确度 ±2℃,镜头严禁受阳光直射;测定位置、角度不应对图像处理的精度产生影响。

8.2.4 红外热像法检测程序

1. 检测流程

红外热像法的检测流程:制定方案→目测调查→外墙面部位扫描→重点部位检测→记录图像→资料登记→数据收集→数据整理、汇总→编制检测报告。

2. 现场检测操作

1)记录相关日期、时间、温度、湿度、设备、轴线、记录人等资料并检查仪器使其处于正常工作状态。

2)设置正常部位基准点,下列部位应设置基准点:

① 饰面材料不同,或饰面材料相同但颜色不同的部位。

② 部分受光线照射、部分有阴影墙面。

③ 受气候和检测距离、方位等的影响,正常部分表面温度出现差异的部位。

3)拍摄红外图像并保存,操作要点如下:

① 拍摄室外距离宜控制在 20~50m 范围内,在 10~20m 范围内拍摄时宜使用广角镜头。

② 拍摄的仰角宜控制在 45° 以内。

③ 发现可疑渗漏或空鼓部位,应进一步调整仪器色差,使可疑部位更加明显,并最终确定渗漏部位。

④ 红外热像仪拍摄时应同时对被检测部位拍摄可视照片。

⑤ 进行热像拍摄时，应注意当前位置所拍图像的分辨率，必要时采用望远镜头，将墙面分成若干部分拍摄或采用广角镜头。

⑥ 在实际工程检测时，应辅以其他方法（如敲击法）对红外热像法检测结果加以少量的局部确认测试。

4）记录红外照片和可视照片的编号。

5）提供建筑物外墙检测技术咨询报告，即根据现场检测情况，收集数据、图片及资料，编制建筑物检测技术咨询报告，报告内容主要包括检测概况、现场实际渗漏情况（包括主要数据、代表性图片、现场资料等）、渗漏原因分析、潜在渗漏发展隐患、建议治理方向等部分。

8.2.5　红外热像法影响测试的因素

红外热像法检测外墙饰面质量虽然测试简单快捷，但是由其测试的原理可知，所有影响外墙饰面材料吸收或传递热能的因素都有可能影响到测试结果，因此，在测试过程中对各种影响因素应慎重对待，应仔细辨别防止出现漏判和误判的情况。下面对常见的影响因素进行说明。

1. 环境因素

红外热像法检测外墙空鼓渗漏的前提条件是外墙饰面必须在较短的时间内获得较充足的热能，这样外墙饰面空鼓渗漏的部位才有可能会产生较明显的温度差，因此有如下规定：

1）应对不同方位立面墙体在最适宜检测的时间进行检测。

2）晚上、阴雨天、大风天、雨后天晴等情况下的检测容易造成误判，因此，遇到此类天气不应进行操作。

3）拍摄地点应尽量避开周边建筑物的反射、天空的反射、树木遮蔽等不利因素的影响。

2. 材料因素

阳光照射到外墙饰面材料，并非所有的能量都被其吸收，而是一部分能量被吸收，一部分能量被透射和反射。对于反射率强的材料，材料本身吸热能力弱，并且反射的辐射很可能对红外热像仪产生干扰，不宜使用红外热像法检测。另外，当外墙饰面采用不同颜色和不同材质，或凹凸不平的材料时，也容易给检测的结果带来影响，也不宜适用红外热像法进行检测。

3. 建筑物立面影响

建筑物外墙窗台、雨篷、阳台、屋檐、管道、外挂空调机组等凸起物在阳光的照射下产生阴影，外墙立面的污物等导致颜色发生变化等都有可能造成建筑物外墙表面的温度产生差异，影响检测结果。

红外热像法特别适用于由满粘贴法施工的新建和既有建筑物外墙面。目前相关设备和技术日趋成熟，相关的行业标准《红外热像法检测建筑外墙饰面粘结质量技术规程》（JGJ/T 277—2012）及《建筑红外热像检测要求》（JG/T 269—2010）已实施，为其技术进一步推广与发展提供了良好的条件。

8.3 常用漏水治理方法

8.3.1 种植屋面

种植屋面漏水治理施工工序：拆除原屋面构造层次→将原外露卷材铲除→基层清理→基面修补→C20 细石混凝土找坡，最薄处应为 20mm 厚，坡向原水落口→2mm 厚科顺 KS-520 非固化橡胶沥青防水涂料→4mm 厚科顺 CKS 高聚物耐根穿刺改性沥青防水卷材（化学阻根）→塑料排水板，凹凸 12mm 高（自粘 200g 土工布）→覆土 100mm 厚→铺设草皮→植被养护→垃圾清运→保洁、验收。

1）因施工涉及拆除作业，应将设备做好防尘处理；屋面空调及其他设备移机拆除（如需拆除，此部位由甲方安排专业维保人员负责拆装）；落地的铝合金构件、桥架、排管等，在面层拆除时，应单向拆除，并确保构件等有足够的支撑点；在面层完全拆除后，构件应做临时支撑；水落口应做好保护，防止拆除施工过程中堵塞。在施工区域屋面进出口摆放警示牌和标识牌；沟通好施工时间，尤其是容易产生噪声的施工的时间安排；铲除防水层至混凝土面层后，将基层上的浮灰、灰尘、细小垃圾等清理干净。如果天气允许，可将基层晾晒 2~3h。

2）基面修补。查找裂缝，沿裂缝剔"V"形槽，并用科顺堵漏王压实、填平；如遇阴阳角、墙根部位，应用科顺堵漏王做 R 角圆弧，阴角的 $D \geq 50mm$，阳角的 $D \geq 10mm$；蜂窝麻面等缺陷也要进行修复处理。

3）2mm 厚科顺 KS-520 非固化橡胶沥青防水涂料施工。要求基面坚实、平整、干净、干燥，且无尖锐凸出物；节点细部涂刷一层涂料，再铺贴无纺布加强层，并使涂料完全浸透加强层；基面不平整时涂刷底涂，先将涂料在热容器内加热至可施工温度，达到施工流度后用胶刮板均匀涂刷于基面上（具体操作施工是用刷子或橡皮刮板将涂料均匀涂刷于基面上，待第一遍表干后再涂刷第二遍，涂刷方向与第一遍互相垂直，第三遍涂刷方向与第一遍相同，重复涂刷以便达到设计厚度）。在做下一道工序时注意不要让硬物碰损防水层，以免影响整体防水效果。

4）4mm 厚科顺 CKS 高聚物耐根穿刺改性沥青防水卷材（化学阻根）施工。大面积铺设卷材前，需对基层的阴阳角、管道根部、水落口等节点进行细部增强处理；用压辊以均匀地压力充分地辊压搭接处，以确保卷材之间完全黏结，形成整体密封和连续的效果；卷材短边搭接宽度为100mm；防水层隐蔽前，发现防水层存在破损时，应采取措施及时进行修补，即将破损处卷材清理干净，取周边尺寸大于破损处的防水卷材黏牢，再用密封膏沿周边密封。

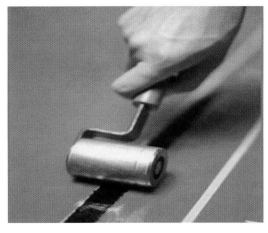

图 8-1　辊压

节点做法如图 8-1~ 图 8-4 所示。

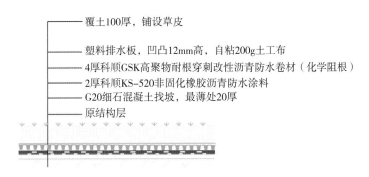

覆土100厚，铺设草皮

塑料排水板，凹凸12mm高，自粘200g土工布
4厚科顺GSK高聚物耐根穿刺改性沥青防水卷材（化学阻根）
2厚科顺KS-520非固化橡胶沥青防水涂料
G20细石混凝土找坡，最薄处20厚
原结构层

图 8-2　生态种植系统防水节点做法

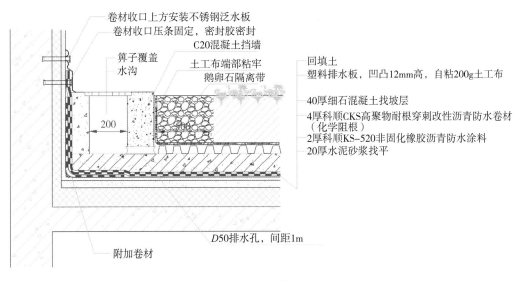

卷材收口上方安装不锈钢泛水板
卷材收口压条固定，密封胶密封
C20混凝土挡墙

箅子覆盖
水沟
土工布端部粘牢
鹅卵石隔离带

回填土
塑料排水板，凹凸12mm高，自粘200g土工布

40厚细石混凝土找坡层
4厚科顺CKS高聚物耐根穿刺改性沥青防水卷材（化学阻根）
2厚科顺KS-520非固化橡胶沥青防水涂料
20厚水泥砂浆找平

200

200

D50排水孔，间距1m
附加卷材

图 8-3　屋面女儿墙防水构造

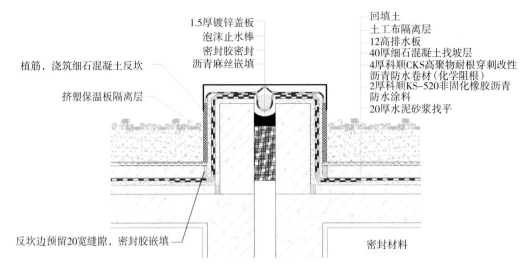

图 8-4　屋面变形缝防水构造

8.3.2　室内维修

1. 裂缝注浆堵漏

1）将裂缝切成 V 形槽（宽度约为 50mm，深度为 30~50mm），冲洗干净。

2）钻孔布置。钻孔与缝隙的间距视情况而定，钻孔深度应穿过缝隙，孔与孔的距离视缝宽而定，通常裂缝越宽，注入的止漏剂就可以压送得更远，因此孔与孔之间的距离可以拉长些。用于大裂缝的修补方式与小裂缝相同，但需要用止水栓堵塞，以防止大量止漏剂从裂缝流失。

3）在钻好的孔中安装高压止水针头，将其上螺帽锁紧，用防水堵漏王封闭裂缝。

4）用高压灌浆机经由止水针头注入拌好的浆液，注入 ZT-107 改性环氧灌浆料，利用高压灌浆机高压灌浆（压力最小应达到 280kg/m² ），以确保浆液能确实填满空隙。

5）待浆液凝固后（时间不少于 6h），拆除止水针头。

6）清除溢出缝外的止漏剂，注浆嘴拆除，孔眼用防水堵漏王封堵抹平。

2. 涂刷 2mm 厚 KS-901B 聚合物水泥防水涂料

1）防水胶的配制。按胶乳∶水泥为 1∶0.8 的重量比配制好，用电动搅拌器搅拌均匀至不含团粒的状态时即可使用。配置好的胶使用时间不宜超过 30min；配制好的防水胶要一次性用完。

2）涂膜施工。将配制好的防水胶均匀地涂刷在基面上，需达到设计要求的厚度，待防水涂膜表干后方可进行下道工序的施工。

3. 恢复装饰层

1）刮腻子。刮腻子遍数可由墙面平整程度决定，第一遍用橡胶刮板横向满刮，一刮板紧接着一刮板，接头不得留槎，每刮一刮板最后收头要干净利落。干燥后，用磨砂纸将浮腻子及斑迹磨光，再将墙面清扫干净。第二遍用橡胶刮板竖向满刮，所用材料及方法同第一遍腻子，干燥后，用磨砂纸磨平并清扫干净。第三遍用橡胶刮板找补腻子或用钢片刮板满刮腻子，将墙面刮平刮光，干燥后，用细砂纸磨平磨光，不得遗漏或将腻子磨穿。

2）刷第一遍乳胶漆。涂刷顺序是先刷顶板后刷墙面，墙面涂刷按先上后下的顺序。先将墙面清扫干净，用布将墙面粉尘擦掉。乳胶漆用排笔涂刷，使用新排笔时，将排笔上的浮毛和不牢固的毛清理掉。乳胶漆使用前应搅拌均匀，并适当加水稀释，防止头遍漆刷不开。干燥后，复补腻子，再干燥后，用磨砂纸磨光，清扫干净。

3）刷第二遍乳胶漆。做法同第一遍乳胶漆。由于乳胶漆膜干燥较快，涂刷时应连续迅速操作，从一头开始，逐渐刷向另一头，要上下顺刷互相衔接，后一排笔紧接前一排笔，避免出现干燥后接头。

4. 防水节点

室内防水维修节点处理如图 8-5 所示。

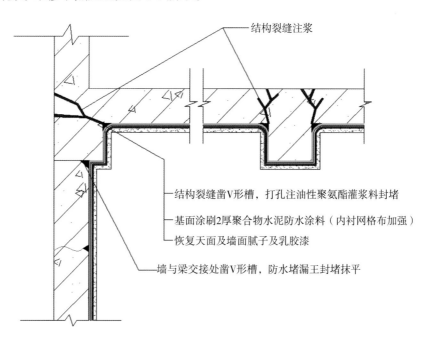

图 8-5　室内防水维修节点处理

附录 耐根穿刺防水材料合格产品名录

序号	公司	样品名称	规格型号	通过日期	报告编号
1	北京世纪洪雨雨科技有限公司	"绿岛" SBS 弹性体改性沥青种植屋面用耐根穿刺防水卷材	GRP 耐根穿刺 SBS Ⅱ PY4	2009 年 6 月	2007001
2	北京圣洁防水材料有限公司	GFZ 高分子增强复合防水卷材（GZF 点牌聚乙烯丙纶防水卷材）	高分子卷材类（片材）0.7mm	2009 年 6 月	2007002
3	渗丽防水系统（上海）有限公司	聚氯乙烯（PVC）防水卷材	玻璃纤维内增强型 1.2mm G476-12	2009 年 6 月	No.2007003（更）
4	山东鑫达鲁鑫防水材料有限公司	耐根穿刺聚氯乙烯防水卷材	N 类 Ⅱ型 1.5mm	2010 年 7 月	200801
5	美国凡土通建筑产品欧洲公司北京代表处	凡土通 Ultra Ply（TM）TPO 防水卷材	织物内增强 TPO 卷材 1.52mm	2010 年 7 月	200802
6	索普瑞玛（上海）建材贸易有限公司	Sopralene Flam Jardin 阻根防水卷材（改性沥青 SBS）	SBS 改性沥青 SBS Ⅱ PY M4	2010 年 7 月	200803
7	北京东方雨虹防水技术股份有限公司	ARC-701 聚合物改性沥青耐根穿刺防水卷材	SBS Ⅱ型 ARC-701	2010 年 7 月	200804
8	北京市中通新型建筑材料公司	耐根穿刺喷涂聚脲	聚脲 Ⅱ型	2010 年 7 月	200805
9	天津市奇才防水材料工程有限公司	PRRM 种植用抗根防水卷材	SBS Ⅱ PY RS 4	2010 年 7 月	200806
10	北京东方雨虹防水技术股份有限公司	复合铜胎基聚合物改性沥青耐根穿刺防水卷材	SBS Ⅱ型 PY-Cu PE 4mm 厚	2011 年 8 月	200901R

（续）

序号	公司	样品名称	规格型号	通过日期	报告编号
11	苏州华苏塑料有限公司	聚氯乙烯防水卷材	W 类 II 型 厚度 1.5mm	2011 年 8 月	200903
12	上海海纳尔屋面系统安装工程有限公司	Hannor（海纳尔）改性 PVC 防水卷材	L 类 II 型 厚度 1.5mm	2011 年 8 月	200904
13	德蔚达（上海）贸易有限公司	铜复合胎基改性沥青阻根防水卷材 -Vedaflor WS- I	SBS II 型铜 - 聚酯胎基板岩面 4mm	2011 年 8 月	200905
14	德蔚达（上海）贸易有限公司	（化学阻根型）改性沥青阻根防水卷材 -Vedatect WF	SBS II 型聚酯胎基板岩面 4mm	2011 年 8 月	200906
15	广州秀珀化工股份有限公司	喷涂聚脲弹性体	双组份聚脲涂料 A 组分 220kg/ 桶 B 组分 200kg/ 桶	2011 年 8 月	200908
16	北京立高防水工程有限公司	喷涂聚脲弹性体	双组份聚脲涂料 A 组分 200kg/ 桶 B 组分 200kg/ 桶	2012 年 2 月	200910
17	上海金夏建筑材料有限公司	种植屋面用耐根穿刺防水卷材	APP II 型 PY PE 4mm	2012 年 5 月	201003
18	广东科顺化工实业有限公司	SBS II 型 4mm 厚聚酯胎卷材	SBS II 型 4mm 厚	2012 年 5 月	201004
19	四川蜀禹防水材料有限公司	SY-810 耐根穿刺 SBS 改性沥青防水卷材	SBS II 型 PY PE 4mm	2012 年 5 月	201007
20	潍坊市宏源防水材料有限公司	高分子聚乙烯丙纶防水卷材	FS₂ 型 0.7mm	2012 年 7 月	201006R
21	青岛大洋灯塔防水有限公司	灯塔牌 LTR 种植屋面用耐根穿刺防水卷材	SBS II 型 PY PE 4mm	2012 年 7 月	201011
22	盘锦禹王防水建材集团有限公司	金属铜胎改性沥青防水卷材	JCuB-F4 4mm	2012 年 7 月	201012
23	盘锦禹王防水建材集团有限公司	弹性体改性沥青防水卷材（阻根型）	SBS II 型 PY PE 4mm	2012 年 7 月	201014
24	潍坊市宏源防水材料有限公司	弹性体改性沥青化学耐根穿刺防水卷材	SBS II 型 PY PE 4mm	2012 年 7 月	201016R
25	北京金盾建材有限公司	耐根穿刺 SBS 改性沥青防水卷材	SBS II 型 PY PE 4mm	2012 年 9 月	201010
26	天津市京建建筑防水工程有限公司	种植屋面用耐根穿刺防水卷材	SBS II 型 PY PE 4mm	2012 年 10 月	201019
27	北京世纪洪雨科技有限公司	"绿茵" SBS 弹性体改性沥青种植屋面用耐根穿刺防水卷材	GPR SBS II 型 Cu PE 4mm	2013 年 1 月	201220

（续）

序号	公司	样品名称	规格型号	通过日期	报告编号
28	宁波华高科防刺高分子防水技术有限公司	PPT耐根穿刺高分子防水卷材	高分子卷材 1.5mm	2013年1月	201021
29	巴斯夫化学建材（中国）有限公司	MASTERSEAL 678	喷涂聚氨酯（脲）II型	2013年1月	201023
30	美国凡士通建筑产品欧洲公司北京代表处	凡士通RubberGard三元乙丙卷材	均质硫化型三元乙丙橡胶（EPDM）片材 1.52mm	2013年6月	201106
31	天津市禹红建筑防水材料有限公司	种植屋面用（SBS改性沥青）耐根穿刺防水卷材	SBS II型 PE Cu PE 4mm	2013年6月	201108
32	潍坊市宇虹防水材料（集团）有限公司	改性沥青化学耐根穿刺防水卷材	SBS II型 PY PE 4mm	2013年7月	201109
33	潍坊市宇虹防水材料（集团）有限公司	改性沥青复合铜胎基耐根穿刺防水卷材	SBS II型 Cu PE 4mm	2013年7月	201110
34	苏州卓宝科技有限公司	贴必定BAC湿铺防水卷材	W II型 PY D 4mm	2013年8月	201114
35	苏州市力星防水材料有限公司	SBS改性沥青阻根防水卷材	SBS II型 PY PE 4mm	2013年8月	201115
36	昆明滇宝防水建筑材料有限公司	种植屋面用耐根穿刺防水卷材	SBS II型 PY PE 4mm	2013年11月	201116
37	广东科顺化工实业有限公司	CKS高聚物改性沥青耐根穿刺防水卷材	SBS II型 Cu PE 4mm	2013年12月	201122
38	北京圣洁防水材料有限公司	GFZ点牌高分子增强复合防水卷材	卷材类 0.8mm	2014年4月	201201
39	潍坊市宇虹防水材料（集团）有限公司	聚氯乙烯（PVC）耐根穿刺防水卷材	耐根穿刺PVC N类 II型 1.5mm/20m×2.1m	2014年4月	201202
40	北京立高防水工程有限公司	SBS改性沥青防水卷材	SBS II型 PY PE 4 10	2014年4月	201203
41	湖州红星建筑防水有限公司	种植屋面用耐根穿刺防水卷材	SBS II型 PY PE 4mm×7.5m	2014年4月	201205
42	天津滨海禹泰防水材料有限公司	聚氯乙烯（PVC）防水卷材	加筋型 1.5mm厚	2014年5月	201211
43	秦皇岛市松岩建材有限公司	"松岩"牌 SY-115聚氯乙烯复合防水卷材	FS2型 1.2mm	2014年6月	201214
44	北京瑞泰宏源建材有限公司（原北京宏盛源新型建材有限公司）	聚乙烯高分子增强（丙纶）防水卷材	FS2型 1.2mm	2014年6月	201215
45	江苏欧西建材科技发展有限公司	阻根聚氯乙烯（PVC）防水卷材	P类 1.5mm	2014年6月	201216
46	北京中海防水建筑材料有限公司	种植屋面用耐根穿刺防水卷材 SBS改性沥青化学耐根穿刺防水卷材	SBS II PY PE PE 4mm	2014年6月	201220

（续）

序号	公司	样品名称	规格型号	通过日期	报告编号
47	河南省华瑞防水防腐有限公司	种植屋面用耐根穿刺防水卷材 SBS 改性沥青化学耐根穿刺防水卷材	SBS Ⅱ PY PE PE 4mm	2014 年 6 月	201221
48	广东科顺化工实业有限公司	热塑性聚烯烃（TPO）防水卷材	P 类 1.5mm	2014 年 6 月	201222
49	山东金顶防水材料有限公司	耐根穿刺聚氯乙烯防水卷材	N 类 Ⅱ型 1.5mm　2.05m×20m	2014 年 8 月	201223
50	常伟股份有限公司	亚力士 PVC 加筋防水卷材	P 类 1.5mm 厚 2.0m×20m	2014 年 8 月	201224
51	山东鑫达鲁鑫防水材料有限公司	聚氯乙烯防水卷材	P 类 1.2mm/20m×2.05m　GB 12952—2011	2014 年 8 月	201227
52	辽宁大禹防水科技发展有限公司	弹性体（SBS）改性沥青耐根穿刺防水卷材	SBS Ⅱ型　PY PE PE 4mm　1.0m×10m	2014 年 8 月	201229
53	辽宁大禹防水科技发展有限公司	聚乙烯胎耐根穿刺改性沥青防水卷材	耐根穿刺 TPZ 4.0（2×2）mm 1m×10m	2014 年 8 月	201230
54	辽宁大禹防水科技发展有限公司	复合铜胎基聚合物改性沥青耐根穿刺防水卷材	SBS Ⅱ 型 PY-Cu PE PE 4mm 1m×10m	2014 年 8 月	201231
55	成都大邑县飞翎化工防水材料厂	耐根穿刺改性沥青防水卷材	SBS Ⅱ PY PE PE 4mm	2014 年 10 月	201233
56	苏州丰宝科技有限公司	贴必定 BAC 湿铺防水卷材（基层自粘）	W Ⅱ型 PY D 4mm	2014 年 10 月	201234
57	上海台安实业集团有限公司（原上海台安工程实业有限公司）	种植屋面用改性沥青类耐根穿刺防水卷材	SBS Ⅱ PY PE PE 4 10	2014 年 12 月	201235
58	上海肇宏建筑防水材料有限公司太仓分公司	种植屋面用改性沥青类耐根穿刺防水卷材	SBS Ⅱ PY PE PE 4 7.5	2014 年 12 月	201236
59	杭州金屋防水材料有限公司	种植屋面专用 SBS 耐根穿刺改性沥青防水卷材	SBS Ⅱ PY PE PE 4 10	2014 年 12 月	201239
60	唐山禹生防水股份有限公司	耐根穿刺型弹性体改性沥青防水卷材	SBS Ⅱ PY PE PE 4 7.5	2014 年 12 月	201243
61	格雷斯中国有限公司	YTL-C（RB）耐根穿刺高分子防水卷材	JS2 25m×1m×1.2mm	2014 年 12 月	201245
62	河南省彩虹防水材料有限公司	弹性体改性沥青防水卷材（阻根型）	SBS Ⅱ PY PE PE 4 10	2015 年 4 月	2013B005

167

（续）

序号	公司	样品名称	规格型号	通过日期	报告编号
63	潍坊市宇虹防水材料（集团）有限公司	聚乙烯丙纶复合防水卷材	FS2 10000mm×1200mm×0.7mm×2	2015 年 6 月	2013B008
64	泰州市奥佳新型建材发展有限公司	种植屋面用耐根穿刺防水卷材	SBS Ⅱ PY PE 4 10	2015 年 6 月	2013B010
65	璞耐特（大连）科技有限公司	TPO 橡胶自粘防水卷材（基层自粘）	TPO 匀质片 1.2mm 自粘层 0.5mm 总厚度 1.7mm	2015 年 7 月	2013B012
66	德州书合防水材料有限公司	聚乙烯丙纶复合防水卷材	FS2 1.2mm 聚氯乙烯层 0.7mm×2	2015 年 8 月	2013B015
67	浙江宏成建材有限公司	耐根穿刺防水卷材	SBS Ⅱ PY PE 4 10	2015 年 10 月	2013B019
68	胜利油田大明新型建筑防水材料有限责任公司	弹性体改性沥青复合铜胎基耐根穿刺防水卷材	SBS Ⅱ PY-Cu PE 4 7.5	2015 年 12 月	2013B021
69	广东成松科技发展有限公司	高分子复合防水卷材	FS2（聚乙烯涤纶） 100m×1150mm×0.8mm	2015 年 12 月	2013B022
70	山东汇源建材集团有限公司	聚乙烯丙纶复合防水卷材	FS2 50000mm×1200mm×1.2mm	2015 年 12 月	2013B023
71	天津市禹神建筑防水材料有限公司	（化学阻根型）种植屋面用耐根穿刺防水卷材	SBS Ⅱ PY PE 4 7.5	2015 年 12 月	2013B025
72	天津市禹神建筑防水材料有限公司	（复合铜胎基）种植屋面用耐根穿刺防水卷材	SBS Ⅱ PY-Cu PE 4 7.5	2015 年 12 月	2013B026
73	苏州卓宝科技有限公司	耐根穿刺聚氯乙烯（PVC）防水卷材	H 类 1.2mm	2016 年 2 月	2014B001
74	北京卓宝科技有限公司	种植屋面用耐根穿刺防水卷材	SBS Ⅱ PY PE 4 10	2016 年 2 月	2014B002
75	四川新三亚建材科技股份有限公司	XQY 耐根穿刺弹性体改性沥青防水卷材	SBS Ⅱ PY PE 4 10	2016 年 4 月	2014B008
76	武汉市恒星防水材料有限公司	ESE-5003 化学阻根铜胎基耐根穿刺防水卷材	SBS Ⅱ PY-Cu PE 4 10	2016 年 4 月	2014B009
77	云南欣城防水科技有限公司	FG360- 种植屋面用耐根穿刺防水卷材	SBS Ⅱ PY PE 4 10	2016 年 4 月	2014B015
78	东台市象龙防水材料有限公司	耐根穿刺 SBS 改性沥青防水卷材	SBS Ⅱ PY PE 4 7.5	2016 年 6 月	2014B022

（续）

序号	公司	样品名称	规格型号	通过日期	报告编号
79	北京宇阳泽丽防水材料有限责任公司	CBS-ZL 615 弹性体改性沥青聚酯胎耐根穿刺防水卷材	SBS II PY PE PE 4 10	2016 年 6 月	2014B025
80	潍坊市华美新型防水材料有限公司	种植屋面用耐根穿刺防水卷材	PVC 非外露 P 类 1.5mm×20m×2.05m	2016 年 7 月	2014B029
81	惠州东方雨虹建筑材料有限责任公司	ARC-701 聚合物改性沥青耐根穿刺防水卷材	SBS II PY PE PE 4 10	2016 年 7 月	2014B030
82	锦州东方雨虹建筑材料有限责任公司	ARC-711 聚合物改性沥青复合铜胎基耐根穿刺防水卷材	SBS II PY-Cu PE PE 4 10	2016 年 7 月	2014B031
83	徐州卧牛山新型防水材料有限公司	WG SBS 改性沥青耐根穿刺防水卷材	SBS II PY-Cu PE PE 4 10	2016 年 7 月	2014B033
84	昆明风行防水材料有限公司	FRC 改性沥青耐根穿刺防水卷材	SBS II PY PE PE 4 10	2016 年 7 月	2014B036
85	北京东方雨虹防水技术股份有限公司	热塑性聚烯烃（TPO）防水卷材	H 类 1.2mm/20m/2m	2016 年 8 月	2014B037
86	北京东方雨虹防水技术股份有限公司	热塑性聚烯烃（TPO）防水卷材	P 类 1.2mm/20m×2m	2016 年 8 月	2014B038
87	西卡渗丽防水系统（上海）有限公司	Samafil G476-12 玻璃纤维非织物内增强型聚氯乙烯防水卷材	G 类 1.2mm/25m×2m	2016 年 8 月	2014B039
88	苏州市月星建筑材料有限公司	种植屋面用耐根穿刺防水卷材	SBS II PY-Cu PE PE 4 7.5	2016 年 8 月	2014B044
89	天津滨海澳泰防水材料有限公司	热塑性聚烯烃（TPO）防水卷材（TP10-15）	P 类 1.5mm/20m×2.5m	2016 年 8 月	2014B045
90	远大洪雨（唐山）防水材料有限公司	HY-A005 化学阻根耐根穿刺改性沥青防水卷材	SBS II PY-Cu PE PE 4 10	2016 年 9 月	2014B046
91	远大洪雨（唐山）防水材料有限公司	改性沥青复合铜箔基耐根穿刺防水卷材	SBS II PY PE PE 4 10	2016 年 9 月	2014B047
92	雨中情防水技术集团有限责任公司	种植屋面用耐根穿刺防水卷材	SBS II PY-Cu PE PE 4 10	2016 年 9 月	2014B050
93	雨中情防水技术集团有限责任公司	种植屋面用耐根穿刺防水卷材	SBS II PY-Cu PE PE 4 10	2016 年 9 月	2014B051
94	潍坊市鑫宝防水材料有限公司	化学阻根耐根穿刺防火卷材	SBS II PY PE PE 4 10	2016 年 12 月	2014B057
95	潍坊市鑫宝防水材料有限公司	复合铜胎基耐根穿刺防水卷材	SBS II PY-Cu PE PE 4 10	2016 年 12 月	2014B058

（续）

序号	公司	样品名称	规格型号	通过日期	报告编号
96	山东晨华防水材料股份有限公司	化学阻根耐根穿刺防水卷材	SBS Ⅱ PY PE PE 4 10	2016 年 12 月	2014B059
97	山东晨华防水材料股份有限公司	复合铜胎基耐根穿刺防水卷材	SBS Ⅱ PY-Cu PE PE 4 10	2016 年 12 月	2014B060
98	常熟市三恒建材有限责任公司	阻根型 EVA 防水卷材	JS2 21m × 2m × 1.5mm	2016 年 12 月	2014B062
99	上海豫宏建筑防水材料有限公司	聚氯乙烯耐根穿刺防水材料	L 类 1.5mm/20m × 2.05m	2016 年 12 月	2014B064
100	青岛大洋灯塔防水有限公司	种植屋面用耐根穿刺防水卷材	SBS Ⅱ PY PE PE 4 7.5	2016 年 12 月	2014B065
101	河北新星佳泰建筑建材有限公司	化学阻根耐根穿刺改性沥青防水卷材	SBS Ⅱ PY PE PE 4 10	2016 年 12 月	2014B066
102	河北新星佳泰建筑建材有限公司	改性沥青复合铜箔基耐根穿刺防水卷材	SBS Ⅱ PY-Cu PE PE 4 10	2016 年 12 月	2014B067
103	潍坊市宏源防水材料有限公司	弹性体改性沥青化学耐根穿刺防水卷材	SBS Ⅱ PY PE PE 4 10	2016 年 12 月	2014B068
104	合肥中通防水工程有限公司	DTP 种植屋面用耐根穿刺改性沥青防水卷材	SBS Ⅱ PY PE PE 4 10	2016 年 12 月	2014B070
105	山东中发防水科技股份有限公司	种植屋面用耐根穿刺防水卷材	H 类 1.5mm/20m × 2.05m	2016 年 12 月	2014B072
106	吉林省豫王建能实业股份有限公司	ARC 化学阻根耐根穿刺防水卷材	SBS Ⅱ PY PE PE 4 10	2016 年 12 月	2014B073
107	湖北蓝盾之星科技股份有限公司	聚合物改性沥青耐根穿刺防水卷材	SBS Ⅱ PY PE PE 4 7.5	2016 年 12 月	2014B075
108	唐山德生防水股份有限公司	种植屋面用耐根穿刺防水卷材	TPO H 类 1.5mm/20m × 1m	2017 年 3 月	2015B002
109	安徽五星凯虹防水建材有限公司	种植屋面用耐根穿刺防水卷材	SBS Ⅱ PY PE PE 4 7.5	2017 年 3 月	2015B003
110	北京城普石防水建材有限公司	化学阻根耐根穿刺防水卷材	SBS Ⅱ PY PE PE 4 7.5	2017 年 4 月	2015B005
111	北京京城普石防水建材有限公司	化学阻根耐根穿刺防水卷材	SBS Ⅱ PY PE PE 4 7.5	2017 年 4 月	2015B006
112	唐山东方雨虹防水技术有限责任公司	ARC-701 聚合物改性沥青耐根穿刺防水卷材	SBS Ⅱ PY PE PE 4 10	2017 年 4 月	2015B007
113	山东宏恒达防水材料工程有限公司	复合铜胎基耐根穿刺防水卷材	SBS Ⅱ PY-Cu PE PE 4 10	2017 年 4 月	2015B009
114	山东宏恒达防水材料工程有限公司	聚氯乙烯（PVC）耐根穿刺防水卷材	L 类 2mm/20m × 2m	2017 年 4 月	2015B010
115	辽宁女娲防水建材科技集团有限公司	金属复合铜胎基耐根穿刺防水卷材	SBS Ⅱ PY-Cu PE PE 4 10	2017 年 5 月	2015B011
116	北京朗坤防水材料有限公司	种植屋面用耐根穿刺防水卷材	SBS Ⅱ PY PE PE 4 10	2017 年 5 月	2015B012
117	潍坊市宇虹防水材料（集团）有限公司	塑性体改性沥青耐根穿刺防水卷材（阻根型）	APP Ⅱ PY PE PE 4 10	2017 年 5 月	2015B013
118	江苏凯伦建材股份有限公司	CL-PVC 聚氯乙烯防水卷材	H 类 1.2mm/20m × 2.1m	2017 年 5 月	2015B014

（续）

序号	公司	样品名称	规格型号	通过日期	报告编号
119	江苏凯伦建材股份有限公司	CL-PVC 聚氯乙烯防水卷材（阻根型）	H 类 1.2mm/20m×2.1m	2017 年 5 月	2015B015
120	江苏凯伦建材股份有限公司	CL-PVC 聚氯乙烯防水卷材（阻根型）	H 类 1.2mm/20m×2.1m	2017 年 5 月	2015B016
121	北京建中防水保温工程集团有限公司	DFZ 高分子增强防水卷材（聚乙烯）	JS2 1.2mm×20m×2m	2017 年 6 月	2015B018
122	四川蜀羊防水材料有限公司	SY-828 耐根穿刺 TPO 防水卷材	H 类 1.5mm/20m×2m	2017 年 6 月	2015B019
123	四川蜀羊防水材料有限公司	SY-810 耐根穿刺 SBS 改性沥青防水卷材	SBS II PY PE PE 4 10	2017 年 6 月	2015B020
124	四川蜀羊防水材料有限公司	SY-868 耐根穿刺 PVC 防水卷材	H 类 1.5mm/20m×2m	2017 年 6 月	2015B021
125	潍坊京九防水工程集团有限公司	种植屋面用耐根穿刺防水卷材	SBS II PY PE PE 4 10	2017 年 6 月	2015B022
126	潍坊京九防水工程集团有限公司	种植屋面用耐根穿刺防水卷材	APP II PY PE PE 4 10	2017 年 6 月	2015B023
127	江苏凯伦建材股份有限公司	SBS 弹性体改性沥青防水卷材（阻根型）	SBS II PY PE PE 4 10	2017 年 7 月	2015B027
128	江苏凯伦建材股份有限公司	MBP 高分子自粘胶膜防水卷材（阻根型）（基层自粘）	ZJS 2 - H D P E - 2 0 m × 2 m × 1.2mm/1.5mm HDPE 层 1.2mm 总厚度 1.5mm	2017 年 7 月	2015B028
129	天津滨海澳泰防水材料有限公司	OTAi® HSA10-15（M）高分子自粘胶膜防水卷材（基层自粘）	ZJS 2 - H D P E - 2 0 m × 2 m × 1.5mm/1.8mm HDPE 层 1.5mm 总厚度 1.8mm	2017 年 7 月	2015B030
130	盘锦禹王防水建材集团有限公司	种植屋面用耐根穿刺防水卷材	SBS II PY PE PE 4 10	2017 年 8 月	2015B031
131	盘锦禹王防水建材集团有限公司	JCuB-F 复合铜胎耐根穿刺防水卷材	SBS II PY-Cu PE PE 4 10	2017 年 8 月	2015B032
132	浙江星都建材科技有限公司	种植屋面用耐根穿刺防水卷材	SBS II PY PE PE 4 7.5	2017 年 8 月	2015B033
133	天津市奇才防水材料工程有限公司	PRRM 种植用抗防根防水卷材	SBS II PY PE PE 4 10	2017 年 8 月	2015B034
134	天津市奇才防水材料工程有限公司	PRRM 种植用抗防根防水卷材	SBS II PY -Cu PE PE 4 10	2017 年 8 月	2015B035
135	河南省华瑞防水防腐有限公司	聚氯乙烯耐根穿刺防水材料	L 类 1.5mm/20m×2.05m	2017 年 8 月	2015B036
136	上海豫宏（金湖）建筑防水材料有限公司	高分子三元乙丙耐根穿刺防水卷材	JF1-EPDM-20m×2m×1.5mm	2017 年 8 月	2015B039

（续）

序号	公司	样品名称	规格型号	通过日期	报告编号
137	上海豫宏（金湖）建筑防水材料有限公司	高分子耐根穿刺防水卷材	JF2-HDPE-20m×2m×1.5mm	2017年8月	2015B040
138	山东海立德防水防腐有限公司即墨第一分公司	耐根穿刺弹性体改性沥青防水卷材	SBS Ⅱ PY PE PE 4 7.5	2017年8月	2015B041
139	山东海立德防水防腐有限公司即墨第一分公司	耐根穿刺聚氯乙烯防水卷材	L类 1.5mm/20m×2.05m	2017年8月	2015B043
140	远大洪丽（唐山）防水材料有限公司	NRF-M506 化学阻根耐根穿刺改性沥青防水卷材	SBS Ⅱ PY PE PE 4 10	2017年10月	2015B044
141	四川金兴邑都建筑材料有限公司	KS SBS 改性沥青化学耐根穿刺防水卷材	SBS Ⅱ PY PE PE 4 10	2017年10月	2015B045
142	固安金盾时代建筑防水材料有限公司	种植屋面用耐根穿刺防水卷材	SBS Ⅱ PY PE PE 4 10	2017年10月	2015B046
143	河北鹏昌防水建材有限公司	PC118 种植屋面用耐根穿刺防水卷材	SBS Ⅱ PY PE PE 4 10	2017年10月	2015B047
144	山东寿光银海防水材料有限公司	种植屋面用耐根穿刺防水卷材	PVC H类 1.5mm/20m×2.05m	2017年10月	2015B048
145	寿光市佳源防水材料有限公司	种植屋面用耐根穿刺防水卷材	PVC H类 1.5mm/20m×2.05m	2017年10月	2015B049
146	山东坤岳防水材料股份有限公司	种植屋面用耐根穿刺防水卷材	PVC H类 1.5mm/20m×2.05m	2017年10月	2015B050
147	天津市京建筑水工程有限公司	种植屋面用耐根穿刺防水卷材	SBS Ⅱ PY PE PE 4 10	2017年12月	2015B055
148	山东鑫达鲁鑫防水材料有限公司	耐根穿刺聚氯乙烯防水卷材	PVC P类 1.5mm/20m×2.05m	2017年12月	2015B056
149	金盾建材（唐山）有限公司	耐根穿刺 SBS 改性沥青防水卷材	SBS Ⅱ PY PE PE 4 10	2017年12月	2015B057
150	辽宁九鼎宏秦防水科技有限公司	种植屋面用耐根穿刺防水卷材	SBS Ⅱ PY PE PE 4 10	2017年12月	2015B058
151	河南金捆指防水科技股份有限公司	化学阻根耐根穿刺改性沥青防水卷材	SBS Ⅱ PY PE PE 4 7.5	2017年12月	2015B060
152	河南金捆指防水科技股份有限公司	金属铜胎改性沥青防水卷材	SBS Ⅱ PY-Cu PE PE 4 7.5	2017年12月	2015B061
153	新乡锦绣防水材料股份有限公司	弹性体改性沥青防水卷材	SBS Ⅱ PY PE PE 4 7.5	2017年12月	2015B063
154	潍坊市朗固防水材料有限公司	种植屋面用耐根穿刺防水卷材	PVC H类 1.5mm/20m×2.05m	2017年12月	2015B064
155	潍坊市宝源防水材料有限公司	种植屋面用耐根穿刺防水卷材	PVC H类 1.5mm/20m×2.05m	2017年12月	2015B066
156	浙江中琼防水建材有限公司	耐根穿刺型 SBS 改性沥青防水卷材	SBS Ⅱ PY PE PE 4 10	2017年12月	2015B068
157	广西青龙化学建材有限公司	PCM 耐根穿刺型高聚物改性沥青防水卷材	SBS Ⅱ PY PE PE 4 7.5	2018年4月	2016B001

（续）

序号	公司	样品名称	规格型号	通过日期	报告编号
158	科顺防水科技股份有限公司	APF-800 自粘耐根穿刺防水卷材（基层自粘）	PY II PE 4 10	2018 年 4 月	2016B004
159	江西思科防水新材料有限公司	SKT-CMR 种植屋面用耐根穿刺防水卷材	SBS II PY PE PE 4 10	2018 年 4 月	2016B005
160	江西思科防水新材料有限公司	SKT-CMR 种植屋面用耐根穿刺防水卷材	SBS II PY PE PE 4 10	2018 年 4 月	2016B006
161	河南省华瑞防水防腐有限公司	SBS 弹性体改性沥青耐根穿刺防水材料	SBS II PY PE PE 4 10	2018 年 4 月	2016B009
162	廊坊鸿禹禹乔防水材料有限公司	改性沥青化学耐根穿刺防水卷材	SBS II PY PE PE 4 10	2018 年 4 月	2016B010
163	万宝防水材料股份有限公司	聚氯乙烯 PVC 耐根穿刺防水卷材	PVC H 类 1.5mm/20m×2m	2018 年 4 月	2016B017
164	山东天海新材料工程有限公司	耐根穿刺 HDPE 防水卷材	JS2-HDPE-20m×3m×1.2mm	2018 年 4 月	2016B018
165	吉林省通达防水科技有限公司	种植屋面用耐根穿刺防水卷材	SBS II PY PE PE 4 7.5	2018 年 4 月	2016B021
166	鑫宝防水材料股份有限公司	热塑性聚烯烃（TPO）防水卷材	TPO P 类 1.5mm/20m×2.05m	2018 年 4 月	2016B022
167	潍坊市星洲防水材料有限公司	种植屋面用耐根穿刺防水卷材	PVC H 类 1.5mm/20m×2.05m	2018 年 4 月	2016B023
168	山东鑫达鲁鑫防水材料有限公司	耐根穿刺聚氯乙烯防水卷材	PVC H 类 1.5mm/20m×2.05m	2018 年 4 月	2016B026
169	山东鑫达鲁鑫防水材料有限公司	耐根穿刺弹性体（SBS）改性沥青防水卷材	SBS II PY PE PE 4 10	2018 年 4 月	2016B027
170	潍坊市宇虹防水材料（集团）有限公司	改性沥青化学耐根穿刺防水卷材	SBS II PY PE PE 4 10	2018 年 4 月	2016B028
171	江苏莱德建材股份有限公司	聚氯乙烯（PVC）耐根穿刺防水卷材	PVC H 类 1.5mm/20m×2m	2018 年 4 月	2016B029
172	江苏莱德建材股份有限公司	SBS 弹性体改性沥青阻根防水卷材	SBS II PY PE PE 4 7.5	2018 年 4 月	2016B030
173	山东金顶防水技术股份有限公司	三元乙丙橡胶防水卷材（耐根穿刺）	JL1-EPDM-20m×2m×1.5mm	2018 年 4 月	2016B031
174	山东金顶防水技术股份有限公司	种植屋面用耐根穿刺防水卷材	PVC P 类 1.5mm/20m×2m	2018 年 4 月	2016B032
175	唐山德生防水股份有限公司	铜胎基弹性体改性沥青耐根穿刺防水卷材	SBS II PY-Cu PE PE 4 7.5	2018 年 4 月	2016B033
176	陕西青空防水技术工程有限公司	种植屋面用耐根穿刺防水卷材	SBS II PY PE PE 4 10	2018 年 4 月	2016B034
177	保定市北方防水工程公司	种植屋面用耐根穿刺防水卷材	SBS II PY PE PE 4 10	2018 年 4 月	2016B035

（续）

序号	公司	样品名称	规格型号	通过日期	报告编号
178	唐山德生防水股份有限公司	种植屋面用耐根穿刺湿铺防水卷材（基层自粘）	W PY II D 4mm 7.5m²	2018年4月	2016B036
179	唐山德生防水股份有限公司	TPO自粘复合防水卷材（基层自粘）	带自粘层的TPO H类 1.2mm/10m×1m	2018年4月	2016B037
180	山西四方恒泰防水材料有限公司	聚氯乙烯（PVC）耐根穿刺防水卷材	PVC H类 1.5mm/20m×2.2m	2018年6月	2016B040
181	潍坊市宏源防水材料有限公司	耐根穿刺聚氯乙烯（PVC）防水卷材	PVC H类 1.5mm/20m×2.05m	2018年6月	2016B041
182	陕西普石建筑材料科技有限公司	耐根穿刺SBS改性沥青防水卷材	SBS II PY PE PE 4 10	2018年6月	2016B042
183	新京喜（唐山）建材有限公司	SBS改性沥青耐根穿刺防水卷材	SBS II PY PE PE 4 10	2018年6月	2016B043
184	新京喜（唐山）建材有限公司	SBS改性沥青耐根穿刺防水卷材	SBS II PY-Cu PE PE 4 10	2018年6月	2016B044
185	世纪洪雨（德州）科技有限公司	SBS改性沥青化学阻根耐根穿刺防水卷材	SBS II PY PE PE 4 10	2018年6月	2016B045
186	北京世纪洪雨科技有限公司	SBS改性沥青化学阻根耐根穿刺防水卷材	SBS II PY PE PE 4 10	2018年6月	2016B046
187	世纪洪雨（德州）科技有限公司	SBS改性沥青复合铜胎基耐根穿刺防水卷材	SBS II Cu-PY PE PE 4 10	2018年6月	2016B047
188	潍坊市宇虹防水材料（集团）有限公司	聚氯乙烯（PVC）耐根穿刺防水卷材	PVC L类 1.5mm/20m×2.10m	2018年6月	2016B048
189	潍坊市宇虹防水材料（集团）有限公司	聚氯乙烯（PVC）耐根穿刺防水卷材	PVC L类 1.2mm/20m×2.10m	2018年6月	2016B049
190	四川环图材料科技有限公司	种植屋面用耐根穿刺防水卷材	SBS II PY PE PE 4 10	2018年6月	2016B050
191	盘锦亿丰防水材料有限公司	种植屋面用耐根穿刺防水卷材	SBS II PY PE PE 4 10	2018年6月	2016B051
192	新大运防水科技（唐山）有限公司	耐根穿刺（SBS）改性沥青防水卷材	SBS II PY PE PE 4 10	2018年6月	2016B052
193	新大运防水科技（唐山）有限公司	金属铜胎耐根穿刺防水卷材	SBS II PY-Cu PE PE 4 10	2018年6月	2016B053
194	湖北蓝盾之星科技有限公司	聚氯乙烯（PVC）耐根穿刺防水卷材	PVC H类 1.5mm/20m×2m	2018年6月	2016B055
195	四川天强防水保温材料有限责任公司	种植屋面用耐根穿刺防水卷材	SBS II PY PE PE 4 7.5	2018年6月	2016B056
196	河南鑫固防水保温材料有限公司	种植屋面用耐根穿刺防水卷材	SBS II PY PE PE 4 7.5	2018年6月	2016B057
197	萨固密（重庆）密封系统有限公司	NovoProof® DA（DA-P）热焊型三元乙丙橡胶防水卷材	JL1-EPDM-35m×1.3m×1.5mm	2018年7月	2016B059

（续）

序号	公司	样品名称	规格型号	通过日期	报告编号
198	河北豫旺百创防水材料有限公司	化学阻根防水卷材	SBS Ⅱ PY PE PE 4 10	2018 年 7 月	2016B060
199	苏州市月星建筑防水材料有限公司	种植屋面用耐根穿刺防水卷材	SBS Ⅱ PY PE PE 4 7.5	2018 年 7 月	2016B061
200	苏州市月星建筑防水材料有限公司	种植屋面用耐根穿刺防水卷材	SBS Ⅱ PY PE PE 4 7.5	2018 年 7 月	2016B062
201	东台市豫龙防水材料有限公司	聚氯乙烯（PVC）耐根穿刺防水卷材	PVC H 类 1.2mm/20m × 2.0m	2018 年 7 月	2016B063
202	东台市豫龙防水材料有限公司	聚氯乙烯（PVC）耐根穿刺防水卷材	PVC H 类 1.5mm/20m × 2.0m	2018 年 7 月	2016B064
203	河南金禹指防水科技股份有限公司	聚氯乙烯（PVC）防水卷材	PVC P 类 1.5mm/20m × 2.0m	2018 年 7 月	2016B066
204	荆州市金禹防水材料有限公司	种植屋面用耐根穿刺防水卷材	SBS Ⅱ PY PE PE 4 10	2018 年 7 月	2016B067
205	苏州华苏塑料有限公司	Huasu G-15 耐根穿刺聚氯乙烯防水卷材	PVC P 类 1.5mm/40m × 2m	2018 年 7 月	2016B068
206	山东思达建筑系统工程有限公司	福达乐 fatra PVC	PVC G 类 1.5mm/20m × 2.05m	2018 年 8 月	2016B069
207	盘锦禹王防水建材集团有限公司	改性沥青聚乙烯胎防水卷材	T REE 4 10	2018 年 8 月	2016B070
208	雨中情防水技术集团有限责任公司	种植屋面用耐根穿刺防水卷材	SBS Ⅱ PY PE PE 4 10	2018 年 8 月	2016B071
209	河北豫源防水材料有限公司	弹性体改性沥青耐根穿刺防水卷材	SBS Ⅱ PY PE PE 4 7.5	2018 年 8 月	2016B073
210	河北豫源防水材料有限公司	铜胎基弹性体改性沥青耐根穿刺防水卷材	SBS Ⅱ PY-Cu PE PE 4 7.5	2018 年 8 月	2016B074
211	禹都建筑防水材料（德州）有限公司	SBS 改性沥青化学耐根穿刺防水卷材	SBS Ⅱ PY PE PE 4 10	2018 年 8 月	2016B075
212	苏州华苏塑料有限公司	Huasu G-15 耐根穿刺聚氯乙烯防水卷材	PVC P 类 1.5mm/20m × 2.0m	2018 年 8 月	2016B078
213	苏州华苏塑料有限公司	Huasu G-15 耐根穿刺聚氯乙烯防水卷材	PVC P 类 1.5mm/20m × 2.0m	2018 年 8 月	2016B079
214	河南虹霞新型防水材料有限公司	种植屋面用耐根穿刺防水卷材	PVC H 类 1.5mm/15m × 2.0m	2018 年 8 月	2016B080
215	中建友（唐山）科技有限公司	弹性体改性沥青防水卷材	SBS Ⅱ PY PE PE 4 10	2018 年 8 月	2016B082
216	上海台安实业集团有限公司	种植屋面用耐根穿刺防水卷材（PVC）	PVC H 类 1.5mm/20m × 2.0m	2018 年 8 月	2016B084
217	上海台安实业集团有限公司	种植屋面用耐根穿刺防水卷材（ZJF1）	ZLF1-EPDM-20m × 1m × 1.5mm	2018 年 8 月	2016B085
218	泽源防水科技股份有限公司	复合铜胎基种植屋面用耐根穿刺防水卷材	SBS Ⅱ PY-Cu PE PE 4 10	2018 年 10 月	2016B095

（续）

序号	公司	样品名称	规格型号	通过日期	报告编号
219	华高科（宁波）集团有限公司	高聚物改性沥青耐根穿刺防水卷材	SBS Ⅱ PY PE PE 4 10	2018 年 10 月	2016B097
220	华高科（宁波）集团有限公司	PPT 聚氯乙烯高分子耐根穿刺防水卷材	PVC H 类 1.5mm/20m×2m	2018 年 10 月	2016B098
221	华高科（宁波）集团有限公司	热塑性聚烯烃（TPO）耐根穿刺高分子防水卷材	TPO H 类 1.5mm/15m×2m	2018 年 10 月	2016B100
222	北京东方雨虹防水技术股份有限公司	高分子自粘胶膜防水卷材（基层自粘）	Z J S 2－H D P E－2 0 m × 1 . 2 m × 1.2mm/1.5mm	2018 年 10 月	2016B102
223	北京东方雨虹防水技术股份有限公司	SAM-970 带自粘层的聚合物改性沥青防水卷材（基层自粘）	带自粘层 SBS Ⅱ PY PE PE 4 10	2018 年 10 月	2016B103
224	北京东方雨虹防水技术股份有限公司	EVA 防水板	JS2-EVA-20m×3m×1.5mm	2018 年 10 月	2016B104
225	成都赛特防水材料有限责任公司	耐根穿刺防水卷材	JS2-HDPE-20m×2m×1.5mm	2018 年 12 月	2016B107
226	华高科（宁波）集团有限公司	三元乙丙耐根穿刺防水卷材	JF1-EPDM-20m×1m×1.5mm	2018 年 12 月	2016B108
227	华高科（宁波）集团有限公司	改性沥青耐根穿刺防水卷材	SBS Ⅱ PY PE PE 4 10	2018 年 12 月	2016B110
228	开来湿克威防水科技股份有限公司	种植屋面用耐根穿刺防水卷材	SBS Ⅱ PY PE PE 4 7.5	2018 年 12 月	2016B111
229	辽宁女娲防水建材科技集团有限公司	QQC-703 聚乙烯耐根穿刺防水卷材	T REE 4 10	2018 年 12 月	2016B114
230	辽宁女娲防水建材科技集团有限公司	QQC-702 耐根穿刺聚酯胎湿铺防水卷材（基层自粘）	W PY Ⅱ D 4mm 10m²	2018 年 12 月	2016B115
231	辽宁女娲防水建材科技集团有限公司	QQC-704 聚氯乙烯（PVC）耐根穿刺防水卷材	PVC H 类 1.5mm/20m×2.05m	2018 年 12 月	2016B118
232	黄河防水材料股份有限公司	种植屋面用化学耐根穿刺防水卷材	SBS Ⅱ PY PE PE 4 10	2019 年 3 月	2017B001
233	泰州市奥佳新型建材发展有限公司	聚氯乙烯（PVC）防水卷材	PVC L 类 1.5mm/20m×2.0m	2019 年 3 月	2017B005
234	德磎达（上海）贸易有限公司	板岩面铜离子复合聚酯胎 SBS 改性沥青耐根穿刺防水卷材 Vedaflor WS-I bluegreen	SBS Ⅱ PY-Cu M PE 4 7.5	2019 年 3 月	2017B012
235	湖北禹王防水建材有限公司	种植屋面用耐根穿刺防水卷材	SBS Ⅱ PY PE PE 4 10	2019 年 4 月	2017B013

（续）

序号	公司	样品名称	规格型号	通过日期	报告编号
236	四川金兴邑都建筑材料有限公司	耐根穿刺高分子复合自粘防水卷材（基层自粘）	ZJS2-HDPE-20m×1m×1.2mm/ 1.7mm HDPE　厚度　1.2mm 总厚度　1.7mm	2019年5月	2017B014
237	天津天河昊防水工程股份有限公司	种植屋面用耐根穿刺防水卷材	SBS Ⅱ PY PE PE 4 10	2019年5月	2017B015
238	北京建中防水保温工程集团股份有限公司	聚合物改性沥青耐根穿刺防水卷材	SBS Ⅱ PY PE PE 4 10	2019年5月	2017B016
239	河北鑫宏防水材料科技有限公司	种植屋面用耐根穿刺防水卷材	SBS Ⅱ PY PE PE 4 10	2019年5月	2017B017
240	陕西靖空防水技术工程有限公司	种植屋面用耐根穿刺防水卷材	SBS Ⅱ PY PE PE 4 10	2019年5月	2017B018
241	四川鑫桂湖防水保温节能科技有限公司	PRS-C 种植屋面用耐根穿刺防水卷材	SBS Ⅱ PY PE PE 4 10	2019年5月	2017B019
242	苏州市力星防水材料有限公司	PVC 防水卷材	PVC P类 1.5mm/20m×2.05	2019年6月	2017B021
243	包头市草原驼峰防水材料有限公司	种植屋面用耐根穿刺防水卷材	SBS Ⅱ PY PE PE 4 10	2019年6月	2017B022
244	天津赛海澳泰防水材料有限公司	OTAi® 耐根穿刺聚氯乙烯（PVC）防水卷材	PVC P类 1.5mm/20m×2.0m	2019年6月	2017B023
245	盘锦骉王防水建材集团有限公司	种植屋面用耐根穿刺防水卷材	SBS Ⅱ PY PE PE 4 10	2019年6月	2017B024
246	辽宁大禹防水科技发展有限公司	耐根穿刺（SBS）弹性体改性沥青防水卷材	SBS Ⅱ PY PE PE 4 10	2019年6月	2017B025
247	辽宁大禹防水科技发展有限公司	耐根穿刺聚乙烯胎改性沥青防水卷材	T REE 4 10	2019年6月	2017B026
248	辽宁大禹防水科技发展有限公司	TPZ耐根穿刺聚氯乙烯防水卷材	PVC P类 1.5mm/20m×2.0m	2019年6月	2017B027
249	武汉节恒星防水科技有限公司	聚氯乙烯（PVC）高分子防水卷材	PVC H类 1.5mm/20m×2m	2019年6月	2017B028
250	山东鑫达鲁鑫防水材料有限公司	耐根穿刺聚氯乙烯（PVC）防水卷材	PVC L类 1.2mm/20m×2.05m	2019年6月	2017B029
251	上海豫宏（金湖）防水科技有限公司	NSK-P 聚氯乙烯（PVC）防水卷材（阻根型）	PVC H类 1.2mm/20m×2.05m	2019年7月	2017B033
252	上海豫宏（金湖）防水科技有限公司	NSK-T 热塑性聚烯烃（TPO）防水卷材	TPO P类 1.2mm/20m×2.0m	2019年7月	2017B034
253	上海豫宏（金湖）防水科技有限公司	NSK-T 热塑性聚烯烃（TPO）防水卷材	TPO H类 1.2mm/20m×2.0m	2019年7月	2017B035

177

（续）

序号	公司	样品名称	规格型号	通过日期	报告编号
254	山东佳源防水材料股份有限公司	种植屋面用耐根穿刺防水卷材	SBS Ⅱ PY PE PE 4 10	2019 年 7 月	2017B037
255	武汉市恒星防水材料有限公司	热塑性聚烯烃（TPO）高分子防水卷材	TPO H 类 1.5mm/20m × 2m	2019 年 7 月	2017B038
256	山东晨华防水材料股份有限公司	聚氯乙烯（PVC）耐根穿刺防水卷材	PVC H 类 1.5mm/20m × 2.05m	2019 年 7 月	2017B039
257	鑫宝防水材料股份有限公司	XB-PVC 聚氯乙烯耐根穿刺防水卷材	PVC H 类 1.5mm/20m × 2.05m	2019 年 7 月	2017B040
258	盘锦禹王建材集团有限公司	耐根穿刺聚氯乙烯（PVC）防水卷材	PVC P 类 1.5mm/20m × 2.00m	2019 年 7 月	2017B041
259	盘锦禹王建材集团有限公司	耐根穿刺聚氯乙烯（PVC）防水卷材	PVC H 类 1.5mm/20m × 2.00m	2019 年 7 月	2017B042
260	鑫宝防水材料股份有限公司	XB-PVC 聚氯乙烯耐根穿刺防水卷材	PVC P 类 1.2mm/20m × 2.05m	2019 年 7 月	2017B043
261	鑫宝防水材料股份有限公司	XB-HDPE 自粘胶膜耐根穿刺防水卷材（基层自粘）	ZJS2-HDPE-20.0m × 1.2mm/1.5mm HDPE 厚度 1.2mm 总厚度 1.5mm	2019 年 7 月	2017B044
262	江苏欧西建材科技发展有限公司	种植屋面用耐根穿刺防水卷材	TPO H 类 1.2mm/20m × 2m	2019 年 8 月	2017B045
263	江苏欧西建材科技发展有限公司	种植屋面用耐根穿刺防水卷材	PVC 非外露 P 类 1.2mm/20m × 2m	2019 年 8 月	2017B046
264	泉州市泉港日建材有限公司	SBS 改性沥青耐根穿刺防水卷材	SBS Ⅱ PY PE PE 4 10	2019 年 8 月	2017B047
265	安徽华亚防水建材有限公司	SBS 改性沥青防水卷材	SBS Ⅱ PY PE PE 4 10	2019 年 8 月	2017B048
266	江苏美佳匠防水科技有限公司	种植屋面用耐根穿刺防水卷材	SBS Ⅱ PY PE PE 4 10	2019 年 8 月	2017B049
267	河北德诚创涌防水材料有限公司	弹性体改性沥青防水卷材	SBS Ⅱ PY PE PE 4 10	2019 年 8 月	2017B050
268	芜湖东方雨虹建筑材料有限公司	种植屋面用耐根穿刺防水卷材（改性沥青类）	SBS Ⅱ PY PE PE 4 10	2019 年 10 月	2017B051
269	远大洪雨（唐山）防水材料有限公司	热塑性聚烯烃（TPO）压敏自粘防水卷材（基层自粘）	TPO 自粘 H 类 1.2mm/20m × 2m TPO 厚度 1.2mm 总厚度 1.5mm	2019 年 10 月	2017B052
270	远大洪雨（唐山）防水材料有限公司	高分子（HDPE）自粘胶膜防水卷材（基层自粘）	ZJS 2 - H D P E - 2 0 m × 2 m × 1.2mm/1.5mm HDPE 厚度 1.2mm 总厚度 1.5mm	2019 年 10 月	2017B053

（续）

序号	公司	样品名称	规格型号	通过日期	报告编号
271	北京市中通新型建筑材料（平原）有限公司	种植屋面用（SBS改性沥青）耐根穿刺防水卷材	SBS Ⅱ PY PE PE 4 7.5	2019年12月	2017B056
272	陕西晋石建筑材料科技有限公司	种植屋面用耐根穿刺防水卷材	SBS Ⅱ PY PE PE 4 10	2019年12月	2017B057
273	陕西晋石建筑材料科技有限公司	耐根穿刺SBS改性沥青复合铜胎防水卷材	SBS Ⅱ PY-Cu PE PE 4 10	2019年12月	2017B058
274	山东天汇防水股份有限公司	种植屋面用耐根穿刺防水卷材	PVC H类 1.5mm/20m×2m	2019年12月	2017B059
275	山东天汇防水股份有限公司	种植屋面用耐根穿刺防水卷材	SBS Ⅱ PY PE PE 4 10	2019年12月	2017B060
276	北京万宝力防水防腐技术开发有限公司	种植屋面用耐根穿刺防水卷材（化学阻根）	SBS Ⅱ PY PE PE 4 10	2019年12月	2017B061
277	宏恒达防水材料有限公司	高分子自粘防水卷材（阻根型）（基层自粘）	ZJS2-HDPE-20m×2m× 1.2mm/1.5mm　HDPE 厚度　1.2mm　总厚度　1.5mm	2019年12月	2017B063
278	宏恒达防水材料有限公司	化学阻根型改性沥青防水卷材	SBS Ⅱ PY PE PE 4 10	2019年12月	2017B064
279	宏源防水科技集团有限公司	热塑性聚烯烃（TPO）耐根穿刺防水卷材	TPO H类 1.20mm/20m×2.0m	2019年12月	2017B066
280	河南蓝翎环科防水材料有限公司	DFA化学阻根耐根穿刺SBS改性沥青防水卷材	SBS Ⅱ PY PE PE 4 10	2020年3月	2018B002
281	河南蓝翎环科防水材料有限公司	DFA耐根穿刺聚氯乙烯（PVC）防水卷材	PVC H类 1.2mm/20m×2m	2020年3月	2018B003
282	山东天汇防水股份有限公司	种植屋面用耐根穿刺防水卷材	SBS Ⅱ PY PE PE 4 10	2020年4月	2018B004
283	天津中海华纳科技发展有限公司	种植屋面用耐根穿刺改性沥青化学耐根穿刺防水卷材（SBS）	SBS Ⅱ PY PE PE 4 10	2020年4月	2018B005
284	江西玉龙防水科技有限公司	自粘聚合物改性沥青耐根穿刺防水卷材（基层自粘）	PY Ⅱ D 4 10	2020年4月	2018B006
285	江西玉龙防水科技有限公司	聚合物改性沥青耐根穿刺防水卷材	SBS Ⅱ PY PE PE 4 10	2020年4月	2018B007
286	湖北永阳材料股份有限公司	高聚物耐根穿刺防水卷材	SBS Ⅱ PY PE PE 4 10	2020年11月	2018B008

（续）

序号	公司	样品名称	规格型号	通过日期	报告编号
287	盘锦新恒远防水材料有限公司	种植屋面用耐根穿刺防水卷材	SBS Ⅱ PY PE PE 4 10	2020 年 12 月	2018B009
288	北新禹王防水科技集团有限公司	自粘聚合物耐根穿刺防水卷材（基层自粘）	PY Ⅱ PE 4 10	2020 年 12 月	2018B010
289	安徽省奥佳建材有限公司	种植屋面用耐根穿刺防水卷材	SBS Ⅱ PY PE PE 4 10	2020 年 12 月	2018B011
290	安徽省奥佳建材有限公司	种植屋面用耐根穿刺防水卷材	SBS Ⅱ PY PE PE 4 10	2020 年 12 月	2018B012
291	北京市中通新型建筑材料（平原）有限公司	种植屋面用耐根穿刺防水卷材	SBS Ⅱ PY PE PE 4 10	2021 年 1 月	2019B001
292	岳阳东方雨虹防水技术有限责任公司	ARC-701 聚合物改性沥青耐根穿刺防水卷材	SBS Ⅱ PY PE PE 4 10	2021 年 3 月	2019B005
293	惠州东方雨虹建筑材料有限责任公司	ARC-701 聚合物改性沥青耐根穿刺防水卷材	SBS Ⅱ PY PE PE 4 10	2021 年 3 月	2019B006
294	昆明风行防水材料有限公司	ARC-701 聚合物改性沥青耐根穿刺防水卷材	SBS Ⅱ PY PE PE 4 10	2021 年 3 月	2019B007
295	锦州东方雨虹建筑材料有限责任公司	ARC-711 聚合物改性沥青复合铜胎基耐根穿刺防水卷材	PY-Cu SBS PE PE 4 10（Q/SY YHF0016-2018）	2021 年 3 月	2019B008
296	辽宁大禹防水科技发展有限公司	耐根穿刺热塑性聚烯烃（TPO）防水卷材	TPO P 类 1.5mm/20m × 2m	2021 年 4 月	2019B010
297	辽宁大禹防水科技发展有限公司	TPZ 耐根穿刺热塑性聚烯烃防水卷材（基层自粘）	TPO 自粘 H 类 1.2mm/20m × 1m TPO 厚度 1.2mm 总厚度 1.5mm	2021 年 4 月	2019B011
298	中建友（唐山）科技有限公司	种植屋面用铜胎基耐根穿刺防水卷材	SBS Cu-PY 4 10（Q/SY ZJY0007-2018）	2021 年 4 月	2019B012
299	北京宇阳泽丽防水材料有限责任公司	CBS-ZL615 弹性体改性沥青耐根穿刺防水卷材	SBS Ⅱ PY PE PE 4 10	2021 年 4 月	2019B013
300	辽宁女娲防水建材科技集团有限公司	QQC-701 SBS 耐根穿刺防水卷材	SBS Ⅱ PY PE PE 4 10	2021 年 6 月	2019B015
301	雨中情防水技术集团股份有限公司	种植屋面用耐根穿刺防水卷材	SBS Ⅱ PY-Cu PE PE 4 10	2021 年 6 月	2019B016

（续）

序号	公司	样品名称	规格型号	通过日期	报告编号
302	豫龙圭材材料科技有限公司	耐根穿刺 SBS 改性沥青防水卷材	SBS Ⅱ PY PE PE 4 10	2021 年 7 月	2019B017
303	宁波市鄞州劲松防水材料厂	种植屋面用耐根穿刺防水卷材	SBS Ⅱ PY PE PE 4 10	2021 年 7 月	2019B018
304	山东邻绣防水科技有限公司	种植屋面用耐根穿刺防水卷材	SBS Ⅱ PY PE PE 4 10	2021 年 7 月	2019B019
305	安徽天来防水防腐有限公司	种植屋面用耐根穿刺防水卷材	SBS Ⅱ PY PE PE 4 10	2021 年 7 月	2019B020
306	山东丰泰防水材料有限公司	种植屋面用耐根穿刺防水卷材	SBS Ⅱ PY PE PE 4 10	2021 年 7 月	2019B021
307	山东坤岳防水材料股份有限公司	种植屋面用耐根穿刺防水卷材	SBS Ⅱ PY PE PE 4 10	2021 年 7 月	2019B022
308	河南省天地源防水防腐科技有限公司	种植屋面用耐根穿刺防水卷材	SBS Ⅱ PY PE PE 4 10	2021 年 7 月	2019B023
309	山东丽燕防水科技股份有限公司	种植屋面用耐根穿刺防水卷材	SBS Ⅱ PY PE PE 4 10	2021 年 7 月	2019B024
310	河北省奥佳建材集团有限公司	种植屋面用耐根穿刺防水卷材	SBS Ⅱ PY PE PE 4 10	2021 年 7 月	2019B026
311	北京东方雨虹防水技术股份有限公司	热塑性聚烯烃（TPO）防水卷材	TPO P 类 1.5mm/25m×2m	2021 年 7 月	2019B027
312	广西青龙化学建材有限公司	聚氯乙烯（PVC）防水卷材	PVC H 类 1.5mm/20m×2m	2021 年 8 月	2019B029
313	北京东方雨虹防水技术股份有限公司	热塑性聚烯烃（TPO）防水卷材	TPO P 类 1.2mm/25m×2m	2021 年 8 月	2019B030
314	武汉市恒星防水材料有限公司	种植屋面用耐根穿刺防水卷材	SBS Ⅱ PY PE PE 4 10	2021 年 8 月	2019B031
315	武汉市恒星防水材料有限公司	种植屋面用耐根穿刺防水卷材	SBS Ⅱ PY-Cu PE PE 4 10	2021 年 8 月	2019B032
316	山东红花防水建材有限公司	种植屋面用耐根穿刺防水卷材	SBS Ⅱ PY PE PE 4 10	2021 年 8 月	2019B033
317	唐山东方雨虹防水技术有限责任公司	ARC-701 聚合物改性沥青耐穿刺防水卷材	SBS Ⅱ PY PE PE 4 10	2021 年 8 月	2019B034
318	河南彩虹建材科技有限公司	耐根穿刺防水卷材	SBS Ⅱ PY PE PE 4 7.5	2021 年 8 月	2019B035
319	河南彩虹建材料有限公司	耐根穿刺防水卷材	SBS Ⅱ PY-Cu PE PE 4 7.5	2021 年 8 月	2019B036
320	天津营海澳泰防水材料有限公司	OTA@TPO10-15 热塑性聚烯烃（TPO）防水卷材	TPO P 类 1.5mm/20m×2.5m	2021 年 8 月	2019B037
321	阿尔法新材料江苏有限公司	种植屋面用耐根穿刺防水卷材（SBS改性沥青）	SBS Ⅱ PY PE PE 4 10	2021 年 10 月	2019B039

注：北京市园林绿化科学研究院发布，截止时间为 2022 年 10 月。

参考文献

[1] 叶林标 . 种植屋面的设计与施工 [J]. 中国建筑防水，2004（4）：11–13，20.

[2] 韩丽莉，单进 . 种植屋面设计与施工配套技术及要点解析 [J]. 中国建筑防水，2015（3）：22-26.

[3] 韩丽莉，王月宾 . 种植屋面疑难问题解答 [M]. 北京：中国建材工业出版社，2018.

[4] 沈春林，李伶 . 种植屋面的设计与施工 [M]. 北京：中国建材工业出版社，2016.

[5] 中华人民共和国住房和城乡建设部 . 种植屋面工程技术规程：JCJ 155—2013[S]. 北京：中国建筑工业出版社，2013.

[6] 中华人民共和国住房和城乡建设部 . 种植层面建筑构造：14J206[S]. 北京：中国计划出版社，2014.

[7] 胡俊 . 种植屋面的防水及设计 [J]. 中国建筑防水，2006（1）：63-67.

[8] 深圳市住房和建设局 . 深圳市建设工程防水技术标准：SJG 19—2019[S]. 北京：中国建筑工业出版社，2019.

[9] 中华人民共和国住房和城乡建设部 . 单层防水卷材屋面工程技术规程：JGJ/T 316—2013[S]. 北京：中国建筑工业出版社，2014.

[10] 中华人民共和国住房和城乡建设部 . 层面工程技术规范：GB 50345—2013[S]. 北京：中国建筑工业出版社，2012.

[11] 中华人民共和国住房和城乡建设部 . 层面工程质量验收规范：GB 50207—2012[S]. 北京：中国建筑工业出版社，2012.

[12] 中华人民共和国住房和城乡建设部 . 地下工程防水技术规范：GB 50108—2008[S]. 北京：中国计划出版社，2008.

[13] 中华人民共和国住房和城乡建设部 . 地下防水工程质量验收规范：GB 50208—2011[S]. 北京：中国建筑工业出版社，2012.

[14] 中华人民共和国住房和城乡建设部 . 房屋渗漏修缮技术规程：JCJ/T 53—2011[S]. 北京：中国建筑工业出版社，2011.

[15] 中华人民共和国住房和城乡建设部.红外热像法检测建筑外墙饰面粘结质量技术规程：JGJ/T 277—2012[S].北京：中国建筑工业出版社，2012.

[16] 中华人民共和国住房和城乡建设部.建筑红外热像检测要求：JG/T 269—2010[S].北京：中国标准出版社，2010.

[17] 中华人民共和国国家质量监督检验检疫总局.高分子防水材料 第1部分：片材：GB 18173.1—2012[S].北京：中国标准出版社，2013.

[18] 中华人民共和国工业和信息化部.塑料防护排水板：JC/T 2112—2012[S].北京：中国建材工业出版社，2013.

[19] 中华人民共和国国家质量监督检验检疫总局.湿铺防水卷材：GB/T 35467—2017[S].北京：中国标准出版社，2018.

[20] 中华人民共和国国家质量监督检验检疫总局.种植屋面用耐根穿刺防水卷材：GB/T 35468—2017[S].北京：中国标准出版社，2017.

[21] 中华人民共和国国家质量监督检验检疫总局.弹性体改性沥青防水卷材：GB 18242—2008[S].北京：中国标准出版社，2008.

[22] 中华人民共和国国家质量监督检验检疫总局.自粘聚合物改性沥青防水卷材：GB 23441—2009[S].北京：中国标准出版社，2010.

[23] 中华人民共和国国家质量监督检验检疫总局.热塑性聚烯烃（TPO）防水卷材：CB 27789—2011[S].北京：中国标准出版社，2012.

[24] 中华人民共和国国家质量监督检验检疫总局.聚氯乙烯（PVC）防水卷材：GB 12952—2011[S].北京：中国标准出版社，2012.

[25] 中华人民共和国国家质量监督检验检疫总局.带自粘层的防水卷材：GB/T 23260—2009[S].北京：中国标准出版社，2009.

[26] 中华人民共和国国家质量监督检验检疫总局.聚合物水泥防水涂料：GB/T 23445—2009[S].北京：中国标准出版社，2010.

[27] 中华人民共和国国家质量监督检验检疫总局.聚氨酯防水涂料：GB/T 19250—2013[S].北京：中国标准出版社，2014.

[28] 中华人民共和国工业和信息化部.非固化橡胶沥青防水涂料：JC/T 2428—2017[S].北京：中国建材工业出版社，2018.